Đông Yên Lương Tấn Lực

VŨ TRỤ TỪ HƯ KHÔNG

Phỏng theo
A Universe from Nothing

Lawrence Krauss
Second Edition
2017

Vũ trụ từ hư không
Tác giả giữ bản quyền
© Copyright 2017 by Dong Yen Luong Tan Luc
All rights reserved
Printed in the United States

Mục lục

NHẬP ĐỀ	9
Tiểu sử tác giả	9
Nhận định tác phẩm	10
PHI LỘ	13
Chương I	23
Bí Mật Vũ Trụ: Khởi Thủy	23
Albert Einstein	23
Suy nghiệm	24
Thủy Tinh (Mercury)	25
Giáo Hoàng Pius XII	26
George Lemaître lên tiếng	28
Big Bang	28
Edwin Hubble	29
Henrietta Swan Leavitt	30
Vesto Slipher	32
Hệ Quả Doppler	33
Milton Humason	34
Vũ Trụ bành trướng	35
Thiên hà Xoắn ốc	40
Supernova	42
Những nhân nguyên tử nặng	44
Johannes Kepler	45
Hằng số Hubble	47
Chương II	49
Cân Vũ Trụ	49
Tổng Quát	49
Vera Rubin	50
Ba hướng nghiên cứu mới	52
Tổng Thuyết Tương Đối	53
Ba loại hình học	53
Những đại quần thể thiên hà	55

Fritz Zwicky	58
Tony Tyson	60
Vũ trụ phẳng	62
Large Hadron Collider	64
Chương III	**67**
Buổi đầu của thời gian	**67**
Tổng Quát	67
Nikolai Ivanovitch Lobachevsky	69
Tam giác đặc biệt	74
BOOMERANG	75
Wilkinson Microwave Anisotropy Probe	82
Tổng Quát	85
Hằng số Vũ Trụ	87
Không gian trống	88
Cơ học lượng tử	89
Tải điện nghịch	92
Phản vật chất	92
Đồ hình Feynman	94
Willis Lamb	98
Đơn tử tiềm năng	102
Vấn đề hằng số vũ trụ	106
Chương V	**109**
Vũ trụ phân ly	**109**
Tổng Quát	109
Vũ trụ mở	110
Hằng số Hubble	111
Type Ia High-Z	113
Dự Án High-Z Cosmology Project	115
High-Z Supernova Search Team	116
Bằng chứng tăng tốc	118
Năng lượng đen	121
Jerk	122
Chương VI	**125**
Ăn miễn phí ở tận cùng vũ trụ	**125**
Tổng Quát	125
Vấn Đề Phẳng	127

Nhiệt tiềm ẩn	130
Dao động lượng tử	132
Thoát tốc	136
Free Lunch	138
Tổng Quát	141
Vũ trụ bất hiển thị	142
Ba rường cột quan sát	144
Bành trướng Hubble	145
Bức xạ hậu cảnh vi ba	146
Hư không	158
Chương VIII	**159**
Đại Ngẫu nhiên?	**159**
Tổng Quát	159
Không gian trống	160
Brief history of time	161
Vấn đề ngẫu nhiên	164
Đa Vũ Trụ	165
Hiện trượng trương nở	166
Trương nở hỗn loạn	167
Thuyết Dây	169
Branes	172
Frank Wilczek	174
Đại Thuyết Thống Nhất	178
Chương IX	**181**
Không Tức Là Có	**181**
Tổng Quát	181
Vũ trụ từ hư không	183
Công trình của Newton	185
Nguyên lý Occam	187
Dự Án Origins Project	188
Vũ trụ phẳng	189
Nothing	190
Chương X	**195**
Hư Không Bất Ổn	**195**
Tổng Quát	195
Chân trời biến cố	197

Thế giới vi vật lý	201
Vô sinh	203
Hướng trình tập hợp	205
Vũ trụ khép kín	211
Đơn trạng không-thời-gian	213
Điều kiện tiệm biên	214

Chương XI — 217
Tân thế giới táo bạo — 217

Tổng Quát	217
Đa vũ trụ	222
Lập luận vị nhân	223
Đỉnh cao của sáng tạo	226
Lời Bạt	229
Index	235

NHẬP ĐỀ

Tiểu sử tác giả

Lawrence M. Krauss sinh tại New York City và ngay sau đó di chuyển đến Toronto, sống thời niên thiếu ở Canada. Đậu các văn bằng đại học về toán và vật lý từ Đại Học Carleton University, và bằng Ph.D. từ Đại Học *Massachusetts Institute of Technology* năm 1982.

Sau một thời gian ngắn trong Hội *Harvard Society of Fellows*, ông trở thành phụ giảng tại Đại Học Yale năm 1985 và Giáo Sư Dự Khuyết (Associate Professor) năm 1988. Ông di chuyển năm 1993 để trở thành giáo sự vật lý của *Ambrose Swasey*, Giáo Sư Thiên Văn Học, và Trưởng Khoa Vật Lý của Đại Học *Case Western Reserve University*.

Ông thường xuyên viết cho các cơ quan truyền thông quốc gia, kể cả tờ *New York Times, Wall Street Journal, Scientific American*, và nhiều báo khác cũng như những chương trình phát thanh và truyền hình. Năm 2008, ông trở thành đồng chủ tịch của Hội Đồng *Board of Sponsors of the Bulletin of the Atomic Scientists*. Năm 2010, ông được bầu vào Ban Giám Đốc của *Federation of American Scientists*.

Lawrence M. Krauss là một nhà vũ trụ học nổi tiếng và vừa là Giáo Sư Chủ Nhiệm vừa là Giám Đốc Dự Án *Origins Project* tại Đại Học *Arizona State University*. Ông là một vật lý gia lý thuyết nổi tiếng thế giới với những quan tâm nghiên cứu rộng rãi, kể cả tiến trình đối tác giữa vật lý đơn tử (elementary particle physics) và vũ trụ học (cosmology), trong đó những nghiên cứu của ông bao gồm vũ trụ sơ khai (early universe), bản chất của vật thể đen (dark matter), tổng thuyết tương đối (general relativity), và vật lý thiên văn trung hòa tử (neutrino astrophysics).

Nhận định tác phẩm

- *Vũ trụ từ đâu đến?*
- *Trước đó là gì?*
- *Tương lai sẽ đem đến cái gì?*
- *Và, cuối cùng, tại sao có một cái gì thay vì không có cái gì?*

Những câu trả lời đầy thách thức của Lawrence Krauss cho những câu hỏi nầy và những câu hỏi ngàn đời khác trong một bài diễn văn hiện vô cùng phổ biến trên *YouTube* đã lôi cuốn gần một triệu thính giả. Đặc biệt câu hỏi cuối cùng trong số những câu hỏi nêu trên đã từng là trọng tâm của những tranh luận tôn giáo và triết học liên quan đến sự hiện hữu của Thượng Đế, và đó là phản biện giả định cho bất kỳ ai thắc mắc về sự cần thiết phải có Thượng Đế. Tuy nhiên, theo lập luận của Krauss, xuyên suốt lịch sử, các khoa học gia đã tập trung trên những vấn đề khác, cấp bách hơn - như hình dung vũ trụ thực sự vận hành ra sao, vấn đề cuối cùng sẽ giúp chúng ta cải thiện phẩm chất cuộc sống của chúng ta.

Bây giờ, trong một câu chuyện về vũ trụ học mang tính khai sáng, vật lý gia lý thuyết tiền phong Lawrence Krauss trình bày những tiến bộ khoa học chấn động mới làm đảo lộn những câu hỏi triết học căn bản nhất. Là một trong một số ít khoa học gia hàng đầu ngày nay đã tích cực vượt qua cái hố ngăn cách giữa khoa học và văn hóa bình dân, Krauss cho thấy rằng khoa học hiện đại thực sự đang giải quyết câu hỏi tại sao có một cái gì đó thay vì không có cái gì cả, với những kết quả đáng kinh ngạc và kỳ diệu. Tất cả những nhận định thực nghiệm tuyệt vời và những lý thuyết đầy thuyết phục đều được mô tả một cách dễ hiểu trong *A Universe from Nothing*, và chúng cho thấy không những một cái gì đó đến từ hư vô mà một cái gì đó sẽ luôn luôn đến từ hư vô.

PHI LỘ

Dù là mơ hay ác mộng, chúng ta cũng phải sống trung thực thử nghiệm của chúng ta, và chúng ta phải sống nó một cách tĩnh táo. Chúng ta sống trong một thế giới đang bị thẩm thấu và thẩm thấu với khoa học và vừa trọn vẹn vừa thực. Chúng ta không thể biến nó thành một trò chơi đơn thuần bằng cách chọn sân. - Jacob Bronowski

Để xác định rõ ràng ngay từ đầu, Lawrence M. Krauss phải thú nhận rằng ông không có thiện cảm với niềm tin cho rằng vũ trụ đòi hỏi phải có một đấng tạo hóa, vốn là căn bản của mọi tôn giáo trên thế giới. Mỗi ngày những vật thể đẹp đẽ và kỳ diệu bỗng hiện ra, từ những bông tuyết trong một buổi sáng mùa đông đến cái móng cầu vồng lung linh sau cơn mưa chiều mùa hạ. Nhưng ngoại trừ những tín đồ chính thống sùng đạo nhất, không ai cho rằng mỗi vật thể như thế đều được tạo ra một cách yêu kiều và kỳ công, và, quan trọng hơn cả, được tạo dựng có chủ đích bởi một trí thông minh thiêng liêng. Thực vậy, nhiều người ngoại đạo cũng như những khoa học gia rất hài lòng với khả năng của chúng ta trong việc giải thích làm thế nào những bông tuyết và những mống cầu vồng có thể xuất hiện một cách tự phát, dựa trên những định luật đơn giản, tao nhã của vật lý.

Đương nhiên, người ta có thể hỏi, và nhiều người hỏi, "Những định luật vật lý từ đâu mà có?" và ý nghĩa hơn, "Ai đã tạo ra những định luật nầy?" Cho dù người ta có thể trả lời được tra vấn đầu tiên nầy đi nữa thì họ sẽ hỏi tiếp, "Nhưng cái đó từ đâu đến?" hay "Ai đã tạo ra cái đó?" và cứ tiếp tục như thế.

Chung quy, nhiều người biết suy tư, như trường hợp của Platon, Aquinas, hay Giáo Hội Công Giáo La Mã hiện đại, bị lôi cuốn đến nhu cầu hiển nhiên phải có Nguyên Nhân Thứ Nhất (First Cause) và do đó giả định một đấng thiêng liêng nào đó: một đấng tạo hóa của tất cả những gì đang có, và tất cả những gì sẽ có, một người nào đó hay một vật gì đó trường cửu và ở khắp mọi nơi.

Tuy nhiên, sự tuyên bố về Nguyên Nhân Thứ Nhất hãy còn để hở câu hỏi, "Ai đã tạo ra đấng tạo hóa?" Chung quy, đâu là sự khác biệt giữa lập luận hỗ trợ một đấng tạo hóa vĩnh hằng và một vũ trụ vĩnh hằng không có đấng tạo hóa?

Những lập luận nầy luôn luôn nhắc nhớ câu chuyện nổi tiếng của một chuyên gia - đôi khi được cho là Bertrand Russel và đôi khi được cho là William James - diễn thuyết về nguồn gốc của vũ trụ. Chuyên gia nầy bị chất vấn bởi một người đàn bà vốn tin rằng thế giới được nâng lên bởi một con rùa khổng lồ; con rùa nầy được nâng bởi một con rùa khác; và con rùa khác nầy lại được nâng bởi những con khác.... và cứ thế tiếp tục mãi! Một thụt lùi vô tận về một lực sáng tạo nào đó tự sản sinh ra mình, thậm chí một lực tưởng tượng nào đó lớn hơn những con rùa, cũng không đưa chúng ta gần hơn chút nào với cái gì sản sinh ra vũ trụ. Tuy nhiên, ẩn dụ nầy của một thụt lùi vô tận thực ra có thể gần với quá trình hình thành thực sự của vũ trụ hơn là một đấng tạo hóa duy nhất có thể giải thích.

Giải quyết câu hỏi bằng cách lập luận rằng mọi chuyện dừng lại với Thượng Đế có thể như có vẻ loại bỏ phiên bản về thụt lùi vô tận, nhưng ở đây Krauss lên câu thần chú của ông: Vũ trụ đi theo lối riêng của nó, dù chúng ta có thích nó hay không. Có hay không có một đấng tạo hóa hoàn toàn độc lập với ý muốn của chúng ta. Một thế giới không có Thượng Đế hay cứu cánh có vẻ như khắc nghiệt hay vô nghĩa, nhưng chỉ sự kiện đó không thôi thì không đòi hỏi Thượng Đế phải thực sự hiện hữu.

Tương tự, tinh thần của chúng ta không thể dễ dàng nhận thức được những trị vô hạn (infinities) (mặc dù toán học, một sản phẩm của tinh thần của chúng ta, giải quyết chúng khá tốt đẹp), nhưng điều đó không nói với chúng ta rằng những trị vô hạn không hiện hữu. Vũ trụ của chúng ta có thể vô hạn trong phạm vi không gian hay thời gian. Hay, như Richard Feyman từng nói, những định luật vật lý có thể giống như một củ hành được thái ra thành vô số những lớp mỏng, với những định luật mới hoạt động theo những khung tham chiếu mới.

Đơn thuần là chúng ta không biết! (We simply don't know!)

Hơn hai ngàn năm, câu hỏi "Tại sao có một cái gì thay vì không có cái gì cả?" đã được trình bày như là một thách thức đối với mệnh đề cho rằng vũ trụ của chúng ta - vốn bao gồm một tổng hợp bao la những tinh tú, thiên hà, người, và nhiều thứ khác nữa - có thể đã phát xuất không có thiết kế, ý hướng, hay mục đích. Trong khi điều nầy thường được tóm lược như là một câu hỏi triết học hay tôn giáo, đó trước tiên và trên hết là một câu hỏi về thế giới thiên nhiên, và như thế chỗ thích hợp để thử nghiệm và giải quyết nó, trước tiên và trên hết, là với khoa học.

Mục đích của cuốn sách nầy rất đơn giản. Krauss muốn cho thấy làm thế nào khoa học hiện đại, theo nhiều cách khác nhau, có thể giải quyết và đang giải quyết câu hỏi tại sao có một cái gì thay vì không có cái gì cả: các câu trả lời đã có được rồi - từ những quan sát thí nghiệm vô cùng đẹp đẽ, cũng như từ những lý thuyết làm nền tảng cho phần lớn vật lý hiện đại - tất cả đều cho thấy rằng có một cái gì từ hư vô không phải là một vấn đề. Thực vậy, một cái gì đó từ hư vô có thể đã được đòi hỏi để vũ trụ hiện hữu. Hơn nữa, mọi dấu hiệu đều cho thấy rằng đây là cách thức vũ trụ của chúng ta *có thể* đã phát xuất.

Krauss nhấn mạnh chữ *có thể (could)* ở đây, vì chúng ta có thể không bao giờ có đủ thông tin thực nghiệm để giải quyết câu hỏi một cách nhất quán. Nhưng khả thể một vũ trụ đến từ hư vô chắc chắn có ý nghĩa, ít nhất đối với Krauss.

Trước khi đi xa hơn, cũng nên dành vài lời cho khái niệm về chữ "*nothing* (xin tạm dịch là *hư không hay hư vô*)" - một đề tài mà Krauss sẽ quay lại với nhiều chi tiết hơn sau nầy. Vì ông biết rằng, khi đề cập đến câu hỏi nầy trong những buổi hội luận công cộng, không có gì làm phật lòng các triết gia và các nhà thần học bất đồng với ông bằng khái niệm cho rằng ông, với tư cách một khoa học gia, không thực sự hiểu được từ ngữ "*nothing*". (Krauss rất muốn trả lời ở đây rằng các nhà thần học là những "chuyên gia không chuyên gì cả" - experts at nothing.)

Họ nhấn mạnh, "*nothing*" is not any of the things I discuss ("*nothing*" không phải là bất kỳ cái gì tôi đề cập.) Nothing is "nonbeing" (*Nothing* tức là "*không hiện hữu*"), theo một nghĩa mơ hồ và không rõ nghĩa (vague and ill-defined sense). Điều nầy khiến Krauss nhớ lại những nỗ lực của chính ông nhằm định nghĩa nhóm từ "*intelligent design (thiết kế thông minh)*" khi lần đầu ông bắt đầu bàn luận với những người chủ trương có đấng tạo hóa (creationists), nhóm từ rõ ra là không có một định nghĩa minh bạch nào cả, ngoại trừ để nói đến những gì không phải là nó. "*Intelligent design*" đơn thuần là một cái dù thống nhất (unifying umbrella) cho tiến hóa ngược chiều (opposing evolution). Tương tự, một số triết gia và nhiều nhà thần học định nghĩa và tái định nghĩa chữ "*nothing*" không giống bất kỳ phiên bản nào theo mô tả hiện nay của các khoa học.

Nhưng theo Krauss, lối định nghĩa đó hàm ngụ sự phá sản trí thức của nhiều thần học và một số triết học hiện đại. Vì chắc chắn từ "*nothing*" trên mọi phương diện cũng có quy cách vật lý như từ "*something*", đặc biệt nếu nó được định nghĩa như là "*absence of something (không có một cái gì)*". Như thế chúng ta có trách nhiệm phải hiểu rõ ràng bản chất vật lý của cả hai định lượng nầy (quantities). Và nếu không có khoa học thì mọi định nghĩa đều chỉ là những danh từ trống rỗng.

Một thế kỷ trước, nếu có ai mô tả "*nothing*" như là không gian hoàn toàn trống (purely empty space), không có một thực thể vật chất nào (real material entity), thì điều đó có thể ít gây ra tranh cãi. Nhưng những kết quả của thế kỷ vừa qua đã dạy cho chúng ta rằng không gian trống thực ra dứt khoát không phải là cõi khống khứ bất khả xâm phạm (inviolate nothingness) mà chúng ta đã giả định trước khi học được nhiều hơn về cách vận hành của thiên nhiên. Bây giờ, các nhà phê bình tôn giáo nói với Krauss rằng ông không thể gọi không gian trống như là "*nothing*" mà ngược lại như là một "*quantum vacuum* (xin tạm dịch là *chân không lượng tử*)" để phân biệt nó với từ "*nothing*" được lý tưởng hóa (idealized) của các triết gia và các nhà thần học.

Không sao. Nhưng sau đó nếu chúng ta muốn mô tả "*nothing*" như là sự vắng mặt của chính không gian và thời gian thì sao? Như thế có đủ không? Một lần nữa, ông nghĩ có thời từng là như thế. Nhưng, như ông sẽ mô tả, chúng ta đã biết rằng không gian và thời gian tự chúng có thể xuất hiện một cách tự phát (spontaneous), do đó bây giờ chúng ta được nói rằng ngay cả cái "*nothing*" nầy cũng không thực sự là cái "*nothing*" của đề tài. Và chúng ta được nói rằng sự thoát ly khỏi cái "*nothing*" thực sự đòi hỏi có đấng thiêng liêng, với từ "*nothing*" như thế được định nghĩa một cách võ đoán là "*cái gì từ đó chỉ có Thượng Đế mới có thể tạo ra một cái gì (that from which only God can create something.)"*

Những người cùng bàn cãi với Krauss trên vấn đề nầy cũng đề nghị rằng, nếu có "tiềm năng (potential)" tạo ra một cái gì, thì không có trạng thái khống khứ đích thực (true nothingness). Và nếu có được những định luật thiên nhiên tạo nên một tiềm năng như thế thì chắc chắn chúng ta sẽ thoát khỏi lãnh địa đích thực của hư vô (nonbeing). Nhưng kế đó, nếu Krauss cho rằng có thể chính những định luật cũng phát xuất một cách tự phát, như ông sẽ chứng minh là có thể, thì điều đó cũng không đủ thuyết phục vì bất kỳ một hệ thống nào liên quan đến những định luật đó đều không phải là khống khứ đích thực.

Tất cả những con rùa chồng lên nhau vô tận? Krauss không tin thế. Nhưng những con rùa rất hấp dẫn vì khoa họ đang thay đổi sân chơi theo những cách khiến con người không thoải mái. Đương nhiên, đó là một trong những mục tiêu của khoa học (hay "triết học thiên nhiên - natural philosophy" - như người ta có thể đã nói trong thời Socrate). Không thoải mái có nghĩa là chúng ta đang ở trên ngưỡng cửa của những trực giác mới.

Chắc chắn viện dẫn "Thượng Đế" để tránh những câu hỏi khó *"how? (làm thế nào?)"* chỉ là lười biếng trí thức (intellectually lazy). Tựu trung, nếu không có tiềm năng sáng tạo thì Thượng Đế không thể tạo ra cái gì cả. Đó sẽ là trò đánh lạc hướng về nghĩa ngữ khi khẳng định có thể tránh được tiến trình thụt lùi được giả định là vô hạn vì Thượng Đế hiện hữu bên ngoài thiên nhiên và, do đó, chính tiềm năng hiện hữu không phải là một phần của khống khứ như nguồn gốc của hiện hữu.

Mục đích thực sự của Krauss là chứng minh rằng, thực tế, khoa học đã thay đổi sân chơi, nên những bàn cãi trừu tượng và vô ích nầy về bản chất của khống khứ đã bị thay thế bởi những nỗ lực hữu hiệu, hữu ích nhằm mô tả vũ trụ của chúng ta có thể đã thực sự bắt đầu. Krauss cũng sẽ giải thích những hàm ngụ khả thể của điều nầy đối với hiện tại và tương lai của chúng ta.

Điều nầy phản ảnh một sự kiện rất quan trọng. Khi đặt vấn đề nhận thức vũ trụ tiến hóa ra sao, tôn giáo và thần học đã tỏ ra vô nghĩa. Chúng thường làm đục nước, chẳng hạn, bằng cách tập trung trên những câu hỏi về khống khứ mà không cung ứng một định nghĩa nào về từ ngữ dựa trên bằng chứng thực nghiệm. Trong khi chúng ta chưa hiểu được đầy đủ nguồn gốc của vũ trụ của chúng ta, không có lý do mong đợi mọi vật thay đổi về điểm nầy. Hơn nữa, Krauss hy vọng rằng cuối cùng quan điểm đó sẽ đúng đối với sự nhận thức của chúng ta về thiên nhiên vì đặc tính của khoa học đặt nền tảng trên ba nguyên tắc chủ yếu:

(1) Tuân theo bằng chứng hiển nhiên, bất luận nó đi đến đâu;
(2) Nếu có một lý thuyết thì người ta phải quyết tâm chứng minh là nó sai không kém hơn quyết tâm chứng minh là nó đúng;
(3) Trọng tài tối hậu của chân lý là thực nghiệm, chứ không phải sự bằng lòng đến từ những niềm tin tiên nghiệm (priori beliefs), cũng không phải là cái đẹp hay trang nhã mà người ta gán cho những mô hình lý thuyết của mình.

Những kết quả thực nghiệm mà Krauss sẽ mô tả ở đây không những cập nhật mà còn bất ngờ. Tấm thảm hoa mà khoa học dệt khi mô tả tiến hóa của vũ trụ của chúng ta thì phong phú và diệu kỳ hơn nhiều so với bất kỳ hình ảnh mặc khải nào hay câu chuyện giả tưởng nào mà nhân loại đã sản tạo ra. Thiên nhiên đi lên với những ngạc nhiên vượt xa những ngạc nhiên theo sức tưởng tượng của con người.

Trong hai thập niên vừa qua, một loại phát triển hào hứng trong vũ trụ học, lý thuyết đơn tử, và trọng lực đã hoàn toàn thay đổi cách nhìn vũ trụ của chúng ta, với những hàm ngụ kinh ngạc và sâu sắc đối với sự hiểu biết của chúng ta về nguồn gốc cũng như tương lai của nó. Dó đó, "*nothing*" là đề tài vô cùng hấp dẫn để viết.

Cảm hứng thực sự của cuốn sách nầy không bắt nguồn từ ý muốn xua đuổi những huyền thoại hay chỉ trích những niềm tin, mà từ xu hướng muốn tôn vinh kiến thức và đồng thời từ cái vũ trụ tuyệt đối đầy kinh ngạc và kỳ diệu như vũ trụ của chúng ta đã thể hiện.

Sự nghiên cứu của chúng ta sẽ đưa chúng ta vào một vòng gió lốc đến những biên thùy xa nhất của vũ trụ đang bành trướng của chúng ta, từ những lúc sơ khai nhất của *Big Bang* (Đại Bùng Nổ) đến tương lai xa, và có lẽ sẽ bao gồm sự khám phá kinh ngạc nhất trong vật lý của thế kỷ vừa qua.

Thực vậy, động cơ trước mắt để viết cuốn sách nầy hiện là một khám phá sâu sắc về cái vũ trụ đã đưa việc nghiên cứu khoa học của chính Krauss về hầu hết ba thập niên vừa qua và đã đưa đến kết luận đầy ngạc nhiên rằng phần lớn năng lượng trong vũ trụ đều nằm trong một hình thức bí ẩn nào đó, hiện nay có thể giải thích được, thẩm thấu cùng khắp không gian trống. Quả không phải là một nhận định nông nổi nếu nói rằng sự khám phá nầy đã thay đổi sân chơi của vụ trụ học hiện đại.

Một mặt, khám phá nầy đã cung ứng một hỗ trợ mới đáng chú ý cho ý tưởng cho rằng vũ trụ của chúng ta đã chính xác đến từ hư vô (nothing). Mặt khác, nó cũng khiêu khích chúng ta phải suy nghĩ lại cả một loạt những giả định về những tiến trình có thể chi phối sự tiến hóa của nó lẫn, cuối cùng, câu hỏi phải chăng chính những định luật thiên nhiên thực sự là căn bản. Mỗi một giả định nầy, do đó, hiện có xu hướng khiến câu hỏi tại sao có một cái gì thay vì không có cái gì bớt vẻ nghiêm trọng, nếu không nói là hoàn toàn dễ dàng, như Krauss hy vọng mô tả.

Nguồn gốc trực tiếp của sách nầy bắt đầu từ tháng 10/2009, khi Krauss đọc một bài diễn văn ở Los Angeles với cùng tựa đề. Ngạc nhiên thay, băng hình *YouTube* của bài diễn văn, do cơ quan *Richard Dawkins Foundation* cung ứng, từ đó đã trở nên một cái gì hấp dẫn, với gần một triệu người xem tính đến ngày viết sách nầy, và rất nhiều bản sao những phần của nó đang được xử dụng bởi các cộng đồng hữu thần lẫn vô thần trong những cuộc tranh luận của họ.

Vì quan tâm hiển nhiên với đề tài nầy, và cũng như là kết quả của một số bình luận gây hoang mang trên mạng và trong nhiều cơ quan truyền thông theo sau bài diễn văn của Krauss, ông nghĩ nên đưa ra một phiên bản đầy đủ hơn trong sách nầy về những tư tưởng mà ông đã trình bày ở đó. Ở đây ông cũng có thể lợi dụng cơ hội để bổ sung những luận điểm mà ông đã trình bày lúc đó, vốn tập trung hầu như toàn bộ trên những cuộc cách mạng mới đây trong vũ trụ học, những cuộc cách mạng đã thay đổi hình ảnh về vũ trụ, kết hợp với sự khám phá của năng lượng và hình học của không gian, và điều mà ông đề cập trong hai phần ba đầu của sách nầy.

Trong giai đoạn chuyển tiếp, Krauss đã suy nghĩ nhiều hơn về nhiều tư liệu có trước và những tư tưởng tạo nên luận điểm của ông; Krauss đã bàn thảo vấn đề nầy với những người đã phản ứng với một loại nhiệt tình truyền cảm; và ông đã thăm dò sâu hơn ảnh hưởng của những phát triển trong vật lý đơn tử, nhất là trên vấn đề nguồn gốc và bản chất của vũ trụ chúng ta. Và cuối cùng, ông đã trình bày một số những luận điểm của ông cho những ai quyết liệt phản đối chúng, và khi làm thế ông có được một số trực giác đã giúp ông phát triển những luận điểm của ông xa hơn.

Chương I
Bí Mật Vũ Trụ: Khởi Thủy

Bí mật ban đầu của mọi cuộc hành trình là: trước tiên, làm thế nào người du hành đi đến khởi điểm?
(The Initial Mystery that attends any journey is: how did the traveler reach his starting point in the first place?
—LOUISE BOGAN, *Journey Around My Room*

Albert Einstein

Đầu năm 1916, Albert Einstein vừa mới hoàn thành công trình lớn nhất trong đời của ông, một cuộc chiến tinh thần quyết liệt cả thập niên nhằm đưa ra một lý thuyết mới về trọng lực (gravity), lý thuyết mà ông gọi là tổng thuyết tương đối (general theory of relativity) Tuy nhiên, đây không chỉ là một lý thuyết mới về trọng lực mà còn là một lý thuyết mới về không gian và thời gian. Và đó là lý thuyết khoa học đầu tiên không những có thể giải thích làm thế nào những vật thể di chuyển qua vũ trụ mà còn giải thích chính vũ trụ có thể vận hành ra sao.

Tuy nhiên, đó chỉ mới là một vấn đề. Khi Einstein bắt đầu áp dụng lý thuyết của ông để mô tả toàn thể vũ trụ, mới rõ ra rằng lý thuyết đó không mô tả vũ trụ trong đó chúng ta có vẻ đã sống.

Bây giờ, gần một trăm năm sau, khó mà đánh giá đầy đủ mức độ thay đổi trong bức tranh của chúng ta về vũ trụ trong khoảng thời gian sống của một đời người. Theo cộng đồng khoa học của năm 1917, vũ trụ là tĩnh và vĩnh cửu (static and eternal), bao gồm một thiên hà (galaxy) duy nhất, tức Dải Ngân Hà (Milky Way), bao bọc chung quanh bởi một không gian bao la, vô tận, tối và trống. Chung quy, đây là những gì bạn thường đoán khi nhìn vào bầu trời ban đêm với đôi mắt của bạn, hay với một ống nhòm nhỏ, và vào thời đó đã có chút lý do để nghi ngờ cách khác.

Trong lý thuyết của Einstein, cũng như trong lý thuyết của Newton trước đó, trọng lực là một lực hoàn toàn hút (attractive) giữa các vật thể. Điều nầy có nghĩa là không thể có một tập hợp trọng khối (masses) nào được định vị vĩnh viễn một chỗ trong không gian. Trọng lực hỗ tương giữa chúng cuối cùng sẽ khiến chúng sụp đổ vào nhau, hiển nhiên trái ngược với một vũ trụ có vẻ đứng yên.

Sự kiện tổng thuyết tương đối của Einstein không có vẻ phù hợp với bức tranh lúc bấy giờ về vũ trụ là một cú đấm khó có thể tưởng tượng cho ông. Người ta thường giả định rằng Einstein đã làm việc đơn độc trong một căn phòng kín trong nhiều năm, xử dụng suy tư thuần túy, và đã kết thúc với lý thuyết tốt đẹp của ông, độc lập với thực tại (có lẽ giống một số lý thuyết gia về thuyết dây (string theorists) ngày nay!). Tuy nhiên, không có gì có thể sai sự thực hơn thế.

Suy nghiệm
Einstein luôn luôn bị những thí nghiệm và quan sát của ông hướng dẫn quá sâu. Trong khi ông hoàn thành nhiều "suy nghiệm (thought experiments)" trong đầu và vất vả cả thập niên, ông đã học những toán học mới và tuân theo nhiều chỉ đạo lý thuyết sai trong quá trình trước khi ông thực sự đạt được một lý thuyết đẹp về mặt toán học. Tuy nhiên, thời điểm quan trọng nhất là khi dấn thân vào tổng thuyết tương đối liên quan đến quan sát. Trong những tuần lễ bận rộn

cuối cùng để hoàn thành lý thuyết của ông, chạy đua với David Helbert, nhà toán học người Đức, ông đã xử dụng những phương trình của mình để đưa ra tiên đoán về điều lẽ ra có thể có vẻ như một kết quả thiên văn vật lý tối tăm (obscure astrophysical result): một độ lệch trục (preccession) trong điểm cận nhật (perihelion) trên quỹ đạo của Thủy Tinh (Mercury) quanh mặt trời.

Thủy Tinh (Mercury)
Từ lâu các nhà thiên văn đã ghi nhận rằng quỹ đạo của Thủy Tinh đi hơi lệch so với quỹ đạo được Newton dự đoán. Thay vì là một đường bầu dục hoàn chỉnh (perfect ellipse) trở về lại với chính nó, quỹ đạo của Thủy Tinh chạy lệch với một trị cực nhỏ là 43 arc/giây (khoảng 1% độ) mỗi thế kỷ. Điều nầy có nghĩa là hành tinh nầy không trở về đúng ngay điểm xuất phát sau một vòng quỹ đạo mà hướng trình của đường bầu dục hơi lệch đi mỗi vòng quỹ đạo, cuối cùng vẽ ra một loại hình xoắn ốc.

Khi Einstein hoàn thành tính toán của ông về quỹ đạo với tổng thuyết tương đối của ông, kết quả rất chính xác. Theo mô tả của Abraham Pais, người viết tiểu sử của Einstein: "Theo tôi, khám phá nầy là thử nghiệm tình cảm mãnh liệt nhất trong cuộc đời khoa học của Einstein, có thể cả cuộc đời nói chung của ông." Ông cho biết đã có những giây phút hồi hộp, tựa như "một cái gì đó đã vỡ tan" bên trong. Một tháng sau, khi ông mô tả lý thuyết của ông với một người bạn như là một lý thuyết "đẹp đẽ vô song", sự hài lòng của ông đối với biểu mẫu toán học quả thực hiển thị, nhưng không ai nghe nhắc đến những hồi hộp.

Tuy nhiên, sự bất đồng bề ngoài giữa tổng thuyết tương đối và quan sát liên quan đến khả thể của một vũ trụ đứng yên không kéo dài. Cho dù nó thực sự khiến Einstein phải đưa vào một sửa đổi cho lý thuyết của ông mà sau nầy ông gọi là sự sai lầm lớn nhất của ông. Nhưng sẽ có phần trình bày rõ hơn về điểm nầy sau nầy. Ngoại trừ một số hội đồng giáo dục ở Hoa Kỳ, mọi người hiện nay đều biết rằng vũ trụ không đứng yên mà đang bành trướng và sự bành trướng đã bắt đầu trong một Đại Bùng Nổ *Big Bang* cực kỳ nóng và có tỉ trọng cao khoảng 13.72 tỉ năm trước đây. Cũng không kém phần quan trọng, chúng ta biết rằng thiên hà của chúng ta chỉ là một trong khoảng 400 tỉ thiên hà trong vũ trụ có thể quan sát được. Chúng ta giống như những người vẽ bản đồ trái đất thời sơ khai, chỉ bắt đầu lập bản đồ vũ trụ trên quy mô lớn nhất của nó. Không mấy ngạc nhiên khi những thập niên gần đây đã chứng kiến những thay đổi có tính cách mạng trong bức tranh của chúng ta về vũ trụ.

Giáo Hoàng Pius XII

Sự khám phá cho rằng vũ trụ không đứng yên, mà ngược lại đang bành trướng, có một ý nghĩa triết học và tôn giáo, vì nó cho thấy rằng vũ trụ của chúng ta có một bắt đầu. Một bắt đầu hàm ngụ sáng tạo, và sáng tạo khuấy động tình cảm. Trong khi phải mất vài thập niên theo sau khám phá vào năm 1929 về vũ trụ bành trướng của chúng ta khái niệm về một *Big Bang* mới hoàn thành sự khẳng định thực nghiệm độc lập, Đức giáo Hoàng Pius XII đã ca ngợi nó như là bằng chứng của Sáng Thế Ký (Genesis). Ngài viết:

Dường như khoa học ngày nay, với một tiến bộ bất ngờ sau nhiều thế kỷ, đã thành công minh chứng Sáng Thế Ký, khi cùng với vật chất, từ hư vô bùng ra một đại dương ánh sáng và hào quang; và những yếu tố tách ra, quay cuồng và tạo thành hàng triệu thiên hà. Như thế, hiện tượng cụ thể đó, vốn là đặc tính của những bằng chứng vật lý, khoa học đã khẳng định sự ngẫu nhiên của vũ trụ và đồng thời sự diễn dịch có cơ sở liên quan đến thời điểm trọng đại khi thế giới xuất hiện từ bàn tay của Đấng Tạo Hóa. Từ đó sự sáng tạo xảy ra. Chúng ta nói: "Do đó, có một Đấng Tạo Hóa. Do đó, Thượng Đế hiện hữu!"

Toàn bộ câu chuyện thực sự hấp dẫn hơn. Thực vậy, người đầu tiên đề xướng một *Big Bang* là một linh mục người Bỉ đồng thời là một vật lý gia tên là George Lemaître. Lemaître là một tổng hợp của nhiều tài năng. Ông bắt đầu những nghiên cứu của ông như một kỹ sư, được huân chương pháo binh trong Đệ Nhất Thế Chiến, và sau đó đổi qua toán học trong khi học để trở thành linh mục trong những năm 1920. Sau đó ông chuyển sang vũ trụ học, đầu tiên nghiên cứu với Sir Arthur Stanley Eddington, nhà thiên văn vật lý học nổi tiếng người Anh, trước khi chuyển đến Harvard và cuối cùng nhận được bằng tiến sỹ thứ nhì về vật lý ở MIT.

Năm 1927, trước khi nhận bằng tiến sỹ thứ nhì, Lemaître đã thực sự giải thích được những phương trình của Einstein về tổng thuyết tương đối và chứng minh rằng lý thuyết đó tiên đoán một vũ trụ không đứng yên và thực vậy đã cho thấy rằng vũ trụ mà chúng ta đang sống đang bành trướng. Khái niệm nghe có vẻ rất quái đản nên chính Einstein đã mạnh mẽ phản đối với câu nói, "Toán của ông đúng nhưng vật lý của ông ghê tởm quá."

Tuy nhiên, Lemaître cứ tiếp tục, và năm 1930 ông đã cho thấy xa hơn rằng vũ trụ đang bành trướng của chúng ta thực sự đã bắt đầu như một điểm vô cùng nhỏ (infinitesimal point), mệnh danh là "*Primeval Atom* (nguyên tử nguyên thủy)" và sự bắt đầu nầy tượng trưng cho "Ngày không có Ngày Hôm Qua (Day with No Yesterday)", có lẽ để ám chỉ Sáng Thế Ký.

Như thế, *Big Bang* mà Đức Giáo Hoàng Pius đã ca ngợi trước tiên đã được một linh mục đề xướng. Người ta có thể đã nghĩ rằng Lemaître chắc rất hài lòng với đánh giá của Đức Giáo Hoàng, nhưng ông đã dẹp bỏ trong đầu cái khái niệm cho rằng lý thuyết khoa học nầy có những hậu quả thần học và do đó ông đã gạch bỏ một đoạn văn trong bản thảo của tài liệu của ông năm 1931 về *Big Bang* có ghi chú về vấn đề nầy.

George Lemaître lên tiếng

Thực vậy, về sau Lemaître lên tiếng phản đối việc Giáo Hoàng tuyên bố bằng chứng của Sáng Thế Ký thông qua *Big Bang* (rất có thể ông đã nhận thức được rằng, nếu lý thuyết của ông về sau được chứng minh là sai thì những tuyên bố của Giáo Hội La Mã có thể bị thách thức). Vào thời đó, ông được bầu vào Hàn Lâm Viện Giáo Hoàng, về sau trở thành chủ tịch của viện nầy. Theo lời ông, "Theo tôi nhận thấy, một lý thuyết như thế còn nằm hoàn toàn bên ngoài bất kỳ một câu hỏi nào về siêu hình hay tôn giáo". Đức Giáo Hoàng đã không bao giờ nhắc lại vấn đề nầy trước công chúng nữa.

Big Bang

Có một bài học giá trị ở đây. Theo nhìn nhận của Lemaître, *Big Bang* có thực sự xảy ra hay không là một vấn đề khoa học, không phải thần học. Hơn nữa, cho dù *Big Bang* có xảy ra đi nữa (điều được minh chứng rõ ràng ngày nay), thì người ta vẫn có thể quyết định diễn dịch nó theo những cách khác nhau tùy theo xu hướng tôn giáo hay siêu hình của mình. Bạn có thể quyết định xem *Big Bang* như chỉ dấu của một đấng tạo hóa nếu bạn cảm thấy cần hay ngược lại cho rằng toán học của tổng thuyết tương đối giải thích tiến hóa của vũ trụ ngược về thời ban sơ không có sự can thiệp của một thần linh nào cả. Nhưng một suy diễn siêu hình như vậy không tùy thuộc vào quy cách vật lý của chính *Big Bang* và không liên quan gì với sự hiểu biết của chúng ta về nó. Đương nhiên, khi chúng ta vượt quá sự hiện hữu đơn thuần của một vũ trụ bành trướng để nhận thức những nguyên tắc vật lý có khả năng giải quyết nguồn gốc của nó, khoa học có thể soi sáng xa hơn trên suy diễn nầy, và đúng là thế, như Krauss sẽ cho thấy.

Trường hợp nào đi nữa, cả Lemaître lẫn Đức Giáo Hoàng Pius cũng không thuyết phục được thế giới khoa học rằng vũ trụ đang bành trướng. Đúng hơn, như trong mọi khoa học đúng nghĩa, bằng chứng đến từ những quan sát cẩn thận - trong trường hợp nầy, nhờ vào công trình của Edwin Hubble, người tiếp tục cho Krauss niềm tin lớn vào nhân loại, vì ông đã bắt đầu như một luật gia và sau đó đã trở thành một nhà thiên văn.

Edwin Hubble

Hubble trước kia đã có một thành tựu đáng kể vào năm 1925 với viễn vọng kính Hooker 100 *inch* trên núi Mount Wilson, lớn nhất thế giới thời đó. (Để so sánh, ngày nay chúng ta đang xây dựng những viễn vọng kính mười lần lớn hơn thế về đường kính và một trăm lần lớn hơn về diện tích!) Cho mãi đến thời đó, với những viễn vọng kính sẵn có, các nhà thiên văn có thể phân biệt những hình ảnh nhòe nhạt của những vật thể không phải là những tinh tú đơn giản trong thiên hà của chúng ta. Họ gọi những vật thể nầy là *nebulae* (tinh vân), căn bản Latin có nghĩa là "những vật nhòe (fuzzy things)" (thực sự là mây). Họ cũng tranh luận phải chăng những vật thể nầy nằm trong thiên hà của chúng ta hay nằm bên ngoài.

Vì quan điểm vượt trội về vũ trụ bấy giờ cho rằng ngoài thiên hà của chúng ta không có thiên hà nào khác nên đa số những nhà thiên văn đã rơi vào hàng ngũ "thiên hà của chúng ta" dưới sự lãnh đạo của nhà thiên văn nổi tiếng Harlow Shapley ở Harvard. Shapley bỏ học từ lớp năm và tự học, cuối cùng đến Princeton. Ông quyết định nghiên cứu thiên văn học bằng cách chọn môn học đầu tiên mà ông đã tìm thấy trong giáo án. Trong công trình nồng cốt, ông đã chứng minh rằng Dải Ngân Hà lớn hơn nhiều so với lối suy nghĩ trước kia và mặt trời không phải ở tại trung tâm của nó mà chỉ ở trong một góc xa xôi, không đáng kể. Ông là một lực đáng sợ trong thiên văn học và do đó những quan điểm của ông về bản chất của tinh vân rất được quan tâm.

Vào Tết Dương Lịch năm 1925, Hubble xuất bản những kết quả của công trình hai năm nghiên cứu của ông về cái mệnh danh là *spiral nebulae* (tinh vân hình xoắn ốc), trong đó ông có thể xác định một loại tinh tú thay đổi nào đó mệnh danh là một *Cepheid* trong những tinh vân nầy, kể cả tinh vân mang tên *Andromeda*.

Henrietta Swan Leavitt

Được quan sát thấy năm 1784, những tinh tú thay đổi *Cepheid* là những sao có độ sáng thay đổi theo một chu kỳ đều đặn (regular period). Năm 1908, một nhà thiên văn không được ca tụng mấy và không được đánh giá cao bấy giờ, Henrietta Swan Leavitt, được xử dụng như một "điện toán viên (*computer*)" tại Đài Thiên Văn Harvard College Observatory. (Từ ngữ "*computers*" ám chỉ những phụ nữ được thuê mướn để liệt kê độ sáng của các tinh tú được ghi nhận trên các đĩa hình - photographic plates - của Đài Thiên Văn; các phụ nữ không được phép xử dụng các viễn vọng kính vào thời đó.) Vốn là con gái của một mục sư giáo đoàn tự trị (Congregational minister) và là hậu duệ của những tín đồ Thánh Giáo Anh (Pilgrims), Leavitt đã thực hiện được một khám phá kinh ngạc, khám phà mà bà đã làm sáng tỏ năm 1912: bà ghi nhận rằng có một tương quan bình thường giữa độ sáng của những tinh tú *Cepheid* và chu kỳ thay đổi của chúng. Do đó, nếu người ta có thể xác định được khoảng cách của một *Cepheid* thì việc đo lường độ sáng của những *Cepheid* khác có cùng chu kỳ sẽ cho phép người ta xác định khoảng cách của những tinh tú khác kia!

Vì độ sáng quan sát được của các tinh tú giảm theo tỉ lệ nghịch với bình phương của khoảng cách của tinh tú (ánh sáng tỏa ra đều trên một hình cầu với diện tích gia tăng như bình phương của khoảng cách, và vì ánh sáng tỏa ra trên một hình cầu lớn hơn, cường độ ánh sáng quan sát được tại bất kỳ điểm nào cũng giảm theo tỉ lệ nghịch với diện tích của hình cầu), cho nên xác định khoảng cách của những vì sao xa đã luôn luôn là thách thức lớn trong thiên văn học. Khám phá của Leavitt đã cách mạng hóa lãnh vực. (Chính Hubble, vốn không được giải Nobel, thường nói rằng công trình của Leavitt đáng được nhận giải, mặc dù ông có tự chiếu cố mình khá đủ khi nói rằng ông lý ra đã đề nghị chuyện đó, đơn giản là vì ông có thể yêu cầu chia xẻ giải thưởng với bà do những công trình sau đó của ông.) Thủ tục thực sự đã bắt đầu tại Viện Hàn Lâm Hoàng Gia Thụy Sỹ để trao giải Nobel cho Leavitt năm 1924 khi người ta biết rằng bà ta đã chết vì bệnh ung thư ba năm trước đó. Nhờ vào cá tính mạnh, nghệ thuật tự thăng tiến, và tài nghệ của một người quan sát, Hubble thường trở thành một người tên tuổi, trong khi Leavitt, không may, chỉ được biết trong giới tài tử của bộ môn.

Hubble có thể xử dụng những đo lường của ông về *Cepheids* và tương quan chu kỳ/độ sáng của Leavitt để chứng minh dứt khoát rằng các *Cepheids* trong *Andromeda* và một số tinh vân khác ở quá xa nên không thể nằm trong Dải Ngân Hà. *Andromeda* được khám phá là một vũ trụ lẻ loi khác, một thiên hà hình xoắn ốc khác hầu như đồng nhất với thiên hà của chúng ta, và là một trong hơn 100 tỉ thiên hà khác, vốn hiện hữu trong vũ trụ có thể quan sát được của chúng ta, như chúng ta biết ngày nay. Kết quả của Hubble đủ nhất quán để cộng đồng thiên văn học nhanh chóng chấp nhận sự kiện Dải Ngân Hà không phải là tất cả những gì chung quanh chúng ta; trong cộng đồng thiên văn học nầy có Shapley, thời đó ngẫu nhiên đã trở thành giám đốc của Đài Harvard College Observatory, nơi Leavitt đã đạt được thành tựu vẻ vang của bà. Bỗng nhiên, chỉ trong một bước duy nhất, kích thước của vũ trụ quen thuộc đã lớn ra nhiều hơn so với kích thước có trước đây bao nhiêu thế kỷ! Đặc tính của nó cũng đã thay đổi như hầu hết những gì khác. Sau khám phá lẫy lừng nầy, Hubble lẻ ra đủ ngồi trên danh vọng rồi, nhưng ông đã chạy theo con cá lớn hơn, hay, trong trường hợp nầy, những thiên hà lớn hơn. Khi đo lường những *Cepheids* nhạt nhòa hơn trong những thiên hà xa hơn, ông có thể vẽ sơ đồ vũ trụ đến tận những kích thước còn lớn hơn nữa. Tuy nhiên, khi làm thế, ông đã khám phá một cái gì khác thậm chí đáng chú ý hơn: vũ trụ tiếp tục bành trướng!

Vesto Slipher

Hubble hoàn thành kết quả của ông bằng cách so sánh những khoảng cách của những thiên hà mà ông đã đo lường với một loạt đo lường khác với một nhà thiên văn khác, Vesto Slipher, người đã đo được những quang phổ (spectra of light) đến từ những thiên hà nầy. Muốn hiểu sự hiện hữu và bản chất của những quang phổ như thế, chúng ta phải quay về buổi đầu của thiên văn học hiện đại.

Một trong những khám phá quan trọng nhất trong thiên văn học là: vật thể của tinh tú và vật thể của trái đất phần lớn là một. Cũng như nhiều vấn đề khác trong khoa học hiện đại, tất cả vật thể đó đều bắt đầu với Isaac Newton. Năm 1665, Newton, bấy giờ là một khoa học gia trẻ, đã dùng một tia nắng nhỏ qua căn phòng tối của ông có chừa một lỗ nhỏ trên cửa sổ. Ông cho tia sáng nầy đi qua một lăng kính (prism) và thấy ánh nắng tỏa ra thành những màu quen thuộc của cái mống (rainbow). Ông lý luận rằng ánh sáng trắng từ mặt trời chứa tất cả những màu nầy, và ông đúng. Một trăm năm mươi năm sau, một khoa học gia khác quan sát ánh sáng chẻ một cách cẩn thận hơn, đã khám phá những dải đen (dark bands) trong những màu, và lý luận rằng đây là do sự hiện hữu của những vật thể bên ngoài bầu khí quyển của mặt trời vốn hấp thụ (absorb) ánh sáng của một số màu hay độ dài sáng (wave lengths) đặc biệt nào đó.

Những "đường hấp thụ (absorption lines)" nầy - một tên gọi đã trở thành quen thuộc - có thể được nhận diện với những độ dài sóng được đo lường để được hấp thụ bởi những vật thể quen thuộc trên trái đất, kể cả *hydrogen, oxygen*, sắt, *sodium*, và *calcium*.

Năm 1868, một khoa học gia khác đã quan sát hai đường hấp thụ mới trong phần vàng của quang phổ mặt trời vốn không tương ứng với bất kỳ yếu tố nào trên trái đất. Ông quyết định rằng điều nầy phải do một yếu tố mới nào đó, được mệnh danh là *helium*. Một thế hệ sau, *helium* được khám phá trên trái đất.

Nhìn vào quang phổ của bức xạ (radiation) đến từ những tinh tú khác là một phương pháp khoa học quan trọng để hiểu được thành phần, nhiệt độ, và tiến hóa của chúng. Bắt đầu năm 1912, Slipher đã quan sát quang phổ của ánh sáng đến từ những tinh vân hình xoắn ốc khác nhau và nhận thấy rằng những quang phổ tương tự như những quang phổ của những tinh tú lân cận - ngoại trừ tất cả những đường hấp thụ đều lệch theo một độ dài sóng giống nhau.

Hệ Quả Doppler

Hiện tượng nầy bấy giờ được hiểu là do "*hệ quả Doppler (Doppler effect)*", đặt tên theo Christian Doppler, một vật lý gia người Áo, đã giải thích năm 1842 rằng những sóng từ một nguồn chuyển động sẽ bị căng ra nếu nguồn đang di chuyển xa ra (di chuyển đi) và bị nén lại nếu nó di chuyển gần lại (di chuyển đến). Đây là biểu hiện của một hiện tượng quen thuộc đối với chúng ta, thường khiến chúng ta liên tưởng đến một hoạt hình của Sidney Harris trong đó hai cao bồi trên ngựa giữa cánh đồng đang nhìn vào một chiếc tàu lửa ở phía xa, và người nầy nói với người kia, "Tôi thích nghe tiếng còi cô đơn kia của con tàu khi cường độ và tần số (magnitude and frequency) thay đổi do hệ quả

Doppler!" Thật vậy, một tiếng còi tàu hay một tiếng còi hụ nghe cao hơn nếu con tàu hay xe cứu thương tiến về phía bạn và nghe thấp hơn nếu nó chạy xa khỏi bạn.

Hóa ra hiện tượng như thế đối với các sóng âm thanh cũng xảy ra cho những sóng ánh sáng, mặc dù với những lý do hơi khác nhau. Sóng ánh sáng từ một nguồn đang di chuyển xa bạn, hoặc do vị trí di chuyển địa phương của nó trong không gian hoặc do sự bành trướng chung của không gian, sẽ bị căng ra, và do đó có vẻ đỏ hơn như trong trường hợp khác, vì đỏ nằm về phía đầu độ sóng dài của quang phổ hiển thị, trong khi những sóng từ một nguồn di chuyển về phía bạn sẽ bị nén lại và có vẻ xanh hơn.

Năm 1912, Slipher quan sát thấy rằng những đường hấp thụ ánh sáng từ tất cả những tinh vân hình xoắn ốc đều gần như lệch một cách có hệ thống về những độ dài sóng lớn hơn (mặc dù một số, như *Andromeda*, lệch về những độ dài sóng ngắn hơn). Do đó, ông suy diễn đúng rằng đa số những thiên thể nầy di chuyển ra xa chúng ta với những phương tốc (velocities) đáng kể.

Milton Humason

Hubble có thể so sánh những nhận xét của ông về khoảng cách của những thiên hà hình xoắn ốc nầy (như được biết ngày nay) với những đo lường của Slipher về phương tốc di chuyển đi. Năm 1929, ông được sự giúp đỡ của Milton Humason, một nhân viên của Đài Mount Wilson (tài kỹ thuật của người nầy rất lớn nên ông kiếm được một việc làm ở Mount Wilson mà không cần một bằng cấp đại học nào cả). Với sự giúp đỡ của người nầy, Slipher công bố sự khám phá về một tương quan thực nghiệm đáng chú ý, nay mệnh danh là định luật Hubble (Hubble's law):

Có một tương quan bậc một (linear relationship) giữa phương tốc di chuyển đi (recessional velocity) và khoảng cách thiên hà. Nghĩa là, những thiên hà nào ở xa hơn thì di chuyển ra xa chúng ta với phương tốc nhanh hơn (There is a linear relationship between recessional velocity and galaxy distance. Namely, galaxies that are ever more distant are moving away from us with faster velocities!).

Khi lần đầu được trình bày với sự kiện đáng chú ý nầy - nghĩa là hầu như tất cả những thiên hà đều di chuyển ra xa chúng ta, và những thiên hà nào xa gấp hai lần thì di chuyển nhanh gấp hai lần, những thiên hà nào xa gấp ba lần thì di chuyển nhanh gấp ba lần. v.v.. - điều đó có vẻ hiển nhiên hàm ngụ: *Chúng ta đang ở trung tâm vũ trụ!*

Theo đề nghị của một số bạn bè, hằng ngày Krauss cần phải nhớ rằng *không đúng như thế*. Ngược lại, mọi chuyện hoàn toàn đúng theo tương quan mà Lemaître đã tiên đoán. Vũ trụ của chúng ta thực sự đang bành trướng.

Vũ Trụ bành trướng

Krauss đã thử nhiều cách khác nhau để giải thích điều nầy, và ông thẳng thắn không nghĩ có cách gì tốt để làm thế trừ phi bạn suy nghĩ bên ngoài chiếc hộp (outside the box) - trong trường hợp nầy, tức là bên ngoài chiếc hộp vũ trụ. Muốn nhìn thấy những hàm ngụ của định luật Hubble, bạn cần đưa mình ra khỏi quan điểm thiển cận của thiên hà của chúng ta và nhìn vào vũ trụ của chúng ta từ bên ngoài. Trong khi khó mà đứng bên ngoài một vũ trụ ba chiều, lại dễ đứng bên ngoài một vũ trụ hai chiều. Bên dưới là hình vẽ một vũ trụ bành trướng như vậy tại hai thời điểm khác nhau. Như bạn có thể thấy, những thiên hà cách xa nhau nhiều hơn tại thời điểm thứ nhì.

Chương I: Bí Mật của Vũ Trụ

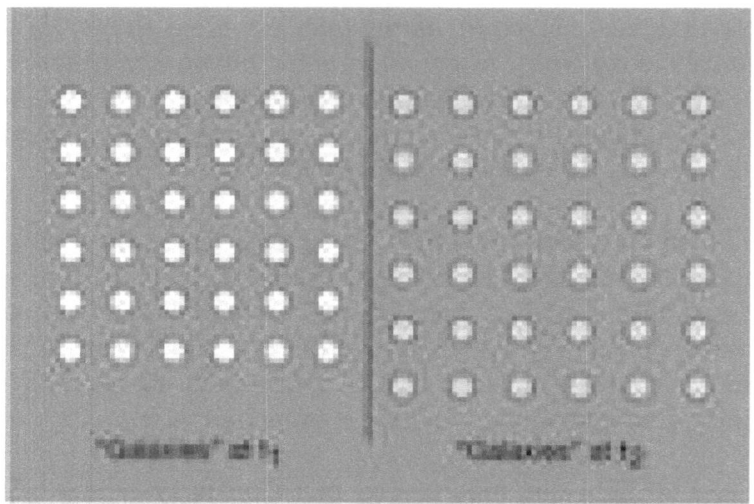

Hãy tưởng tượng chúng ta đang sống tại một trong những thiên hà vào thời điểm *t2* (màu trắng trong hình bên phải dưới đây).

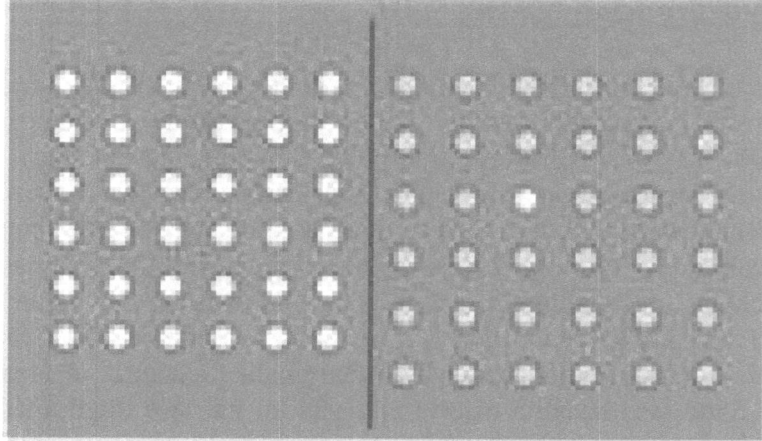

Muốn thấy sự tiến hóa của vũ trụ từ quan điểm của thiên hà nầy, chúng ta chỉ cần đặt chồng hình bên mặt lên hình bên trái, chồng hình màu trắng lên chính nó.

Chương I: Bí Mật của Vũ Trụ

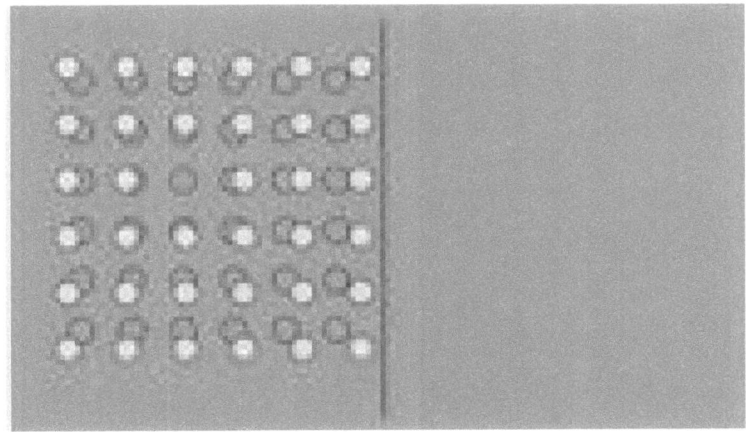

Thế là xong, từ quan điểm của thiên hà nầy, mọi thiên hà khác đều di chuyển ra xa, và những thiên hà nào xa gấp hai lần đều đã di chuyển hai lần khoảng cách trong cùng một thời điểm, những thiên hà nào xa gấp ba lần đều đã di chuyển gấp ba lần khoảng cách, v.v. Bao lâu không có bề cạnh, những ai đứng trên thiên hà đều cảm thấy như đang đứng tại trung tâm của sự bành trướng.
Bất luận chúng ta chọn thiên hà nào. Thử chọn một thiên hà khác, và lặp lại...

Như thế, tùy theo viễn tượng của bạn, hoặc mọi nơi đều là trung tâm của vũ trụ, hoặc không có nơi nào là trung tâm cả. Không thành vấn đề; định luật Hobble nhất quán với một vũ trụ đang bành trướng.

Bây giờ, khi Hubble bà Humason lần đầu báo cáo sự phân tích của họ năm 1929, không những họ đã báo cáo một tương quan bậc một giữa khoảng cách và phương tốc di chuyển đi, những họ còn đưa ra một ước tính về lượng (quantitative estimate) của chính nhịp độ bành trướng (expansion rate). Hình bên dưới cùng cho thấy những dữ kiện.

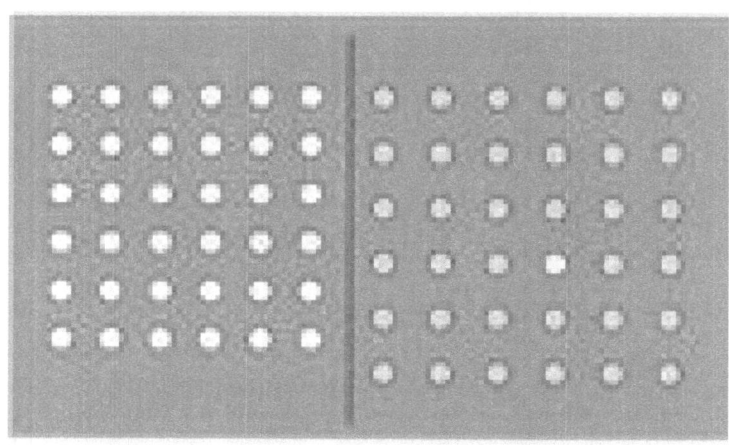
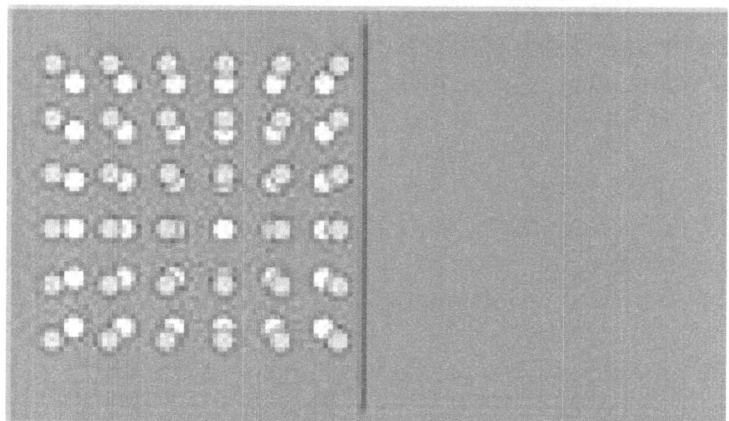

Chương I: Bí Mật của Vũ Trụ

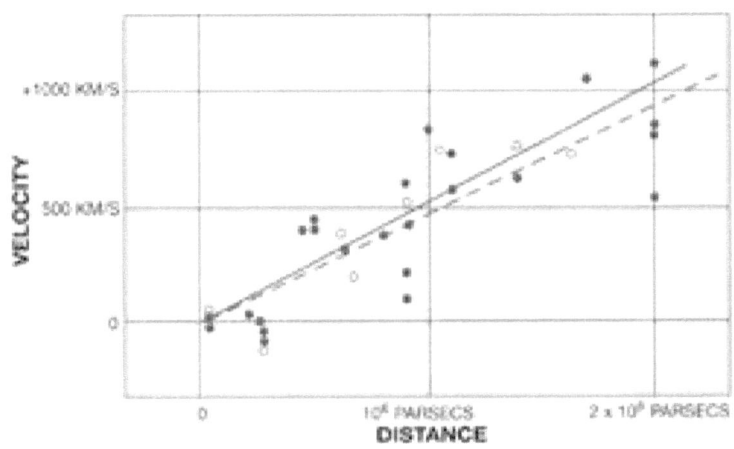

Như chúng ta thấy, ước đoán của Hubble khi đưa một đường thẳng vào tập hợp dữ kiện nầy có vẻ là một ước đoán tương đối may mắn. (Rõ ràng có một tương quan nào đó, nhưng một đường thẳng có phải là một lựa chọn tốt nhất hay không thì không ai rõ nếu chỉ dựa trên dữ kiện mà thôi.) Trị số của nhịp độ bành trướng tìm được, rút ra từ đồ thị, cho thấy rằng một thiên hà ở cách xa một triệu *parsec* (3 triệu năm ánh sáng) - khoảng cách trung bình giữa các thiên hà - đang di chuyển ra xa chúng ta với vận tốc 500 kilomet/giây. Tuy nhiên, ước tính nầy không may mắn lắm.

Lý do thì tương đối dễ thấy. Nếu ngày nay mọi vật đều di chuyển ra xa nhau thì vào những thời sơ khai chúng đã ở gần nhau hơn. Bây giờ, nếu trọng lực (gravity) là một lực hút thì nó sẽ làm chậm sức bành trướng của vũ trụ lại. Điều nầy có nghĩa là thiên hà mà chúng ta thấy đang di chuyển ra xa chúng ta với vận tốc 500 kilomet/giấy ngày nay có thể đã di chuyển nhanh hơn trước kia.

Nếu bây giờ chúng ta giả định rằng thiên hà đã luôn luôn bị kéo đi với phương tốc đó thì chúng ta có thể đi ngược trở lại và tưởng tượng bao lâu trước đây nó đã ở cùng vị trí như thiên hà của chúng ta. Vì những thiên hà xa gấp hai lần thì di chuyển nhanh gấp hai lần, nếu chúng ta đi ngược lại thì chúng ta thấy rằng chúng đã chồng lên vị trí của thiên hà của chúng ta ngay đúng cùng thời kỳ. Thực vậy, toàn bộ vũ trụ quan sát được có thể đã chồng lên nhau tại một điểm duy nhất, tức là *Big Bang*, vào một thời điểm mà chúng ta có thể ước tính theo cách nầy.

Một ước tính như thế rõ ràng là một giới hạn thượng biên (upper limit) trên tuổi tác của vũ trụ, vì, nếu những thiên hà đã từng di chuyển nhanh hơn thì chúng đã ở tại nơi mà chúng đang ở ngày nay với thời gian ngắn hơn so với ước tính nầy.

Từ ước tính nầy vốn dựa trên phân tích của Hubble, *Big Bang* xảy ra khoảng 1.5 tỉ năm trước. Tuy nhiên, ngay cả vào năm 1929, bằng chứng đã rõ ràng cho thấy rằng (ngoại trừ đối với một số nhà kinh điển chính thống ở Tennessee, Ohio, và một vài tiểu bang khác) trái đất đã hơn 3 tỉ tuổi. Bây giờ, điều lúng túng đối với các khoa học gia là thấy rằng trái đất già hơn vũ trụ. Quan trọng hơn, điều đó cho thấy có cái gì sai trong phân tích nói trên.

Nguyên do của sự lúng túng nầy đơn thuần là: những ước tính về khoảng cách của Hubble, vốn do những tương quan của các *Cepheids* trong thiên hà của chúng ta, quả thực không đúng. Sai lầm phát xuất từ cái thang khoảng cách dựa trên những *Cepheids* lân cận để ước tính khoảng cách của những *Cepheids* ở xa hơn, và sau đó để ước tính khoảng cách của những thiên hà trong đó những *Cepheids* còn xa hơn thế nữa được quan sát.

Thiên hà Xoắn ốc

Lịch sử về những hệ quả có tính hệ thống nầy đã được giải quyết ra sao thì quá dài và phức tạp không thể mô tả được ở đây, và, trường hợp nào đi nữa, cũng không còn quan trọng, vì chúng ta bây giờ có một lối ước tính tốt hơn về khoảng cách. Một trong những bức hình ưa thích nhất của tôi về Viễn Vọng Kính Hubble được trình bày dưới đây:

Hình cho thấy một thiên hà hình xoắn ốc rất đẹp ở rất rất xa, trước đây rất rất lâu (rất rất lâu vì ánh sáng từ thiên hà mất một thời gian hơn 50 triệu năm mới đến được chúng ta). Một thiên hà hình xoắn ốc như vậy, tương tự như thiên hà của chúng ta, có khoảng 100 tỉ tinh tú trong đó. Trung tâm sáng ngời chính giữa có lẽ chứa 10 triệu tinh tú. Xin lưu ý ngôi sao ở góc trái dưới đang sáng với một độ sáng gần bằng với độ sáng của 10 tỉ tinh tú. Khi mới nhìn lần đầu, bạn có thể giả định một cách hữu lý rằng đây là một ngôi sao gần hơn nhiều trong thiên hà của chính chúng ta xuất hiện giữa đường quan sát. Nhưng thực ra, đó là một tinh tú nằm trong cùng thiên hà ở xa đó, xa hơn 50 triệu năm ánh sáng.

Supernova

Rõ ràng, đây không phải là một tinh tú thường. Đây là một tinh tú đã vừa mới nổ, một *supernova*, một trong những quả pháo bông sáng nhất trong vũ trụ. Khi một tinh tú nổ, nó lóe sáng thấy rõ một thời gian ngắn (khoảng một tháng) với một độ sáng của 10 tỉ tinh tú.

Rất may cho chúng ta, các tinh tú không nổ thường xuyên như thế, khoảng trăm năm một lần cho mỗi thiên hà. Nhưng chúng ta may mắn là chúng nổ, vì, nếu chúng không nổ thì chúng ta sẽ không có ở đây. Một trong những sự kiện nên thơ nhất mà chúng ta biết về vũ trụ là: chủ yếu mọi nguyên tử trong cơ thể của chúng ta đã có lần nằm trong một tinh tú đã phát nổ. Hơn nữa, những nguyên tử trong bàn tay trái của bạn có lẽ đến từ một ngôi sao khác hơn là những nguyên tử trong tay phải của bạn. Tất cả chúng ta dứt khoát đều là những con cái của tinh tú, và cơ thể của chúng ta được tạo thành bởi bụi tinh tú.

Làm thế nào chúng ta biết điều nầy? Chúng ta có thể suy diễn bức tranh của chúng ta về *Big Bang* ngược về một thời điểm khi vũ trụ khoảng một giây tuổi, và chúng ta tính rằng tất cả vật chất được quan sát đều bị nén lại trong một loại khí *plasma* cô kết (dense) với nhiệt độ khoảng 10 tỉ độ *Kelvin*. Ở nhiệt độ nầy, những phản ứng nguyên tử có thể sẵn sàng xảy ra giữa những *protons* và *neutrons* khi chúng buộc lại với nhau và sau đó vỡ ra từng mảnh do những vụ va chạm xa hơn. Theo sau tiến trình nầy, khi vũ trụ nguội lại, chúng ta có thể tiên đoán những thành tố nguyên tử sơ khai nầy sẽ hợp lại với nhau thường xuyên ra sao để tạo thành những nhân nguyên tử nặng hơn *hydrogens* (ví dụ như *helium, lithium,* v.v.)

Khi làm thế, chúng ta thấy rằng chủ yếu không một nhân nguyên tử nào - ngoài *lithium*, nhân nguyên tử nhẹ thứ ba trong thiên nhiên - được tạo ra trong quả bóng lửa (fireball) ban đầu, tức *Big Bang*. Chúng ta yên chí rằng những tính toán của chúng ta là đúng vì những tiên đoán của chúng ta về những phong phú vũ trụ (cosmic abundances) của các yếu tố nhẹ nhất (lightest elements) hoàn toàn phù hợp với những quan sát nầy. Những phong phú của những yếu tố nhẹ nhất nầy - *hydrogen, deuterium* (nhân của *hydrogen* nặng), *helium,* and *lithium* - thay đổi khoảng 10 thang đại lượng - orders of magnitude - (khoảng 25% của *protons* và *neutrons*, tính theo trọng khối, cuối cùng trở thành *helium*, trong khi một trong số mỗi 10 tỉ *neutrons* và *protons* cuối cùng đi vào bên trong một nhân nguyên tử *lithium*). Trên khung quy chiếu kỳ diệu nầy, những nhận định và tiên đoán lý thuyết của chúng ta phù hợp với nhau.

Đây là một trong những tiên đoán nổi tiếng, ý nghĩa, và thành công nhất, nói với chúng ta rằng *Big Bang* thực sự đã xảy ra. *Chỉ một Big Bang nóng có thể sản sinh ra sự phong phú được quan sát của những yếu tố ánh sáng và duy trì sự nhất quán với sự bành trướng được quan sát hiện nay của vũ trụ.* Krauss mang theo một thẻ tùy thân (wallet card) trong túi quần sau cho thấy sự tương đồng của những tiên đoán về sự phong phú của những yếu tố ánh sáng và sự phong phú được quan sát để mỗi lần gặp ai không tin rằng *Big Bang* đã xảy ra, ông có thể chứng minh cho họ. Đương nhiên, ông thường không bao giờ đi xa như thế trong câu chuyện của ông, vì những dữ kiện ít khi gây ấn tượng cho những ai đã quyết định trước rằng có một cái gì sai với bức tranh. Nhưng ông vẫn mang theo thẻ tùy thân và sao lại cho bạn ở cuối cuốn sách.

Những nhân nguyên tử nặng

Trong khi *lithium* quan trọng cho một số người, cái quan trọng hơn nhiều đối với phần còn lại của chúng ta là tất cả những nhân nguyên tử nặng hơn như *carbon nitrogen, oxygen*, sắt, v.v.. Những chất nầy không được tạo ra trong *Big Bang*. Nơi duy nhất mà chúng có thể được tạo ra là trong những tâm lửa (fiery cores) của các tinh tú. Và cách duy nhất mà chúng có thể đi vào cơ thể của bạn ngày nay là: nếu những tinh tú nầy đủ tử tế để nổ trước kia, phát đi những sản phẩm của chúng trong vũ trụ để một ngày nào đó chúng có thể liên kết bên trong và chung quanh một hành tinh nhỏ gần tinh tú mà chúng ta gọi là mặt trời. Xuyên suốt lịch sử của thiên hà của chúng ta, khoảng 200 triệu tinh tú đã nổ. Những hằng hà sa số tinh tú nầy đã tự hy sinh, có thể nói thế, để một ngày nào đó bạn có thể ra đời. Krauss giả định điều đó, như bất kỳ điều gì khác, cũng đủ tôn vinh chúng như vai trò của những cứu thế (saviors).

Hóa ra một loại tinh tú phát nổ nào đó mệnh danh là *Type Ia supernova,* qua những nghiên cứu cẩn thận được thực hiện trong thập niên 1990, đã được cho thấy là có một thuộc tính đáng chú ý: Với độ chính xác cao, những *Type Ia supernova* nào vốn cố hữu sáng hơn cũng sáng lâu hơn. Mối tương quan nầy, tuy không được hoàn toàn nhận thức về mặt lý thuyết, lại rất chặt chẽ về mặt thực nghiệm. Điều nầy có nghĩa là những *supernovae* nầy là những "ngọn nến tiêu chuẩn (standard candles)" rất tốt. Nói thế, Krauss muốn nói rằng những *supernovae* nầy có thể được xử dụng để đo lường những khoảng cách, vì độ sáng nội tại của chúng có thể được trực tiếp khẳng định bằng một đo lường độc lập với khoảng cách của chúng. Nếu chúng ta quan sát một *supernova* trong một thiên hà ở xa - và chúng ta có thể làm thế vì chúng rất sáng - thì khi quan sát nó sáng bao lâu, chúng ta có thể suy diễn chính xác độ sáng nội tại của nó. Sau đó, nhờ đo lường độ sáng bên ngoài của nó với những viễn vọng kính của chúng ta, chúng ta có thể suy diễn chính xác *supernova* và thiên hà chủ (host galaxy) của nó ở cách xa bao nhiêu. Và khi đo lường được độ lệch về phía đỏ (redshift) của ánh sáng từ các tinh tú của thiên hà, chúng ta có thể xác định phương tốc của nó, và như thế có thể so sánh phương tốc với khoảng cách và suy diễn nhịp độ bành trướng của vũ trụ.

Johannes Kepler

Tới đây kể như tạm ổn, nhưng nếu những *supernovae* chỉ nổ một lần mỗi trăm năm cho mỗi thiên hà thì làm thế nào chúng ta có thể nhìn thấy được một *supernova*? Chung quy, *supernova* mới nhất trong thiên hà của chúng ta được Johannes Kepler chứng kiến trên trái đất năm 1604! Thực vậy, người ta nói rằng những *supernovae* trong thiên hà của chúng ta chỉ được quan sát trong quảng đời của những nhà thiên văn vĩ đại nhất, và Kepler chắc chắn nằm trong trường hợp đó.

Khởi sự như một giáo sư dạy toán ở Áo, Kepler đã trở thành phụ tá cho nhà thiên văn Tycho Brahe (người quan sát thấy một *supernova* thời kỳ ban sơ trong thiên hà của chúng ta và đã được vua của Đan Mạch ban thưởng cho nguyên một hòn đảo). Nhờ xử dụng những dữ kiện của Brahe trên những vị trí hành tinh trong bầu trời tích lũy trong hơn một thập niên, Kepler đã rút ra ba định luật nổi tiếng của ông về chuyển động hành tinh vào đầu thế kỷ 17:

1. *Các hành tinh đi quanh mặt trời theo hình bầu dục.*
2. *Một đường thẳng nối một hành tinh và mặt trời quét những vùng bằng nhau trong những khoảng thời gian bằng nhau.*
3. *Bình phương của chu kỳ quỹ đạo của một hành tinh tỉ lệ thuận với tam thừa của bán kính lớn (hay nói cách khác, tam thừa của bán kính của hình bầu dục,*

một nửa khoảng cách đi ngang phần rộng nhất của hình bầu dục).

1. *Planets move around the Sun in ellipses.*
2. *A line connecting a planet and the Sun sweeps out equal areas during equal intervals of time.*
3. *The square of the orbital period of a planet is directly proportional to the cube (3rd power) of the semi-major axis of its orbit (or, in other words, of the "semi-major axis" of the ellipse, half of the distance across the widest part of the ellipse).*

Những định luật nầy kế đó đặt nền tảng cho Newton thiết lập định luật phổ quát về trọng lực gần một thế kỷ sau. Ngoài cống hiến đáng chú ý nầy, Kepler đã thành công bào chữa cho mẹ ông trong một phiên tòa về phù thủy và đã viết những gì có lẽ được xem là tiểu thuyết khoa học giả tưởng đầu tiên, về một cuộc du hành lên mặt trăng.

Ngày nay, một cách để thấy *supernova* là chỉ cần chỉ định một sinh viên tốt nghiệp cho mỗi thiên hà trong bầu trời Nhưng một trăm năm, ít nhất theo nghĩa vũ trụ, thì chẳng khác mấy với thời gian trung bình để lấy một bằng *Ph.D.*, và những sinh viên tốt nghiệp không đắc giá mấy và có rất nhiều. Tuy nhiên, may thay, chúng ta không phải cần đến những biện pháp cực đoan như vậy, vì một lý do rất đơn giản: vũ trụ thì lớn và già, và, do đó, lúc nào cũng có những biến cố hiếm hoi xảy ra.

Một đêm nào đó, cứ thử đi vào rừng hay sa mạc, nơi bạn có thể nhìn thấy tinh tú và đưa tay lên trời, làm một vòng tròn nhỏ khoảng đồng xu giữa ngón tay cái và ngón trỏ của bạn. Đưa vòng tròn đó lên một vùng đen của bầu trời, nơi không thấy sao xuất hiện. Trong vùng đen ấy, với một viễn vọng kính đủ lớn thuộc loại mà chúng ta xử dụng ngày nay, bạn có thể phân biệt khoảng 100 ngàn thiên hà, mỗi thiên hà chứa hàng tỉ tinh tú. Vì *supernova* cứ trăm năm nổ một lần cho mỗi thiên hà, với 100 ngàn thiên hà đang nhìn thấy, trung bình bạn có thể thấy được khoảng ba tinh tú phát nổ chỉ trong một đêm nào đó.

Hằng số Hubble

Các nhà thiên văn làm đúng như thế. Họ đăng ký xin giờ xử dụng viễn vọng kính, và có đêm họ có thể nhìn thấy một sao phát nổ, có đêm hai, và có đêm trời nhiều mây nên họ không thể thấy gì cả. Theo cách nầy, một số nhóm đã có thể xác định được hằng số Hubble (Hubble's constant) với một bất xác nhỏ hơn 10%. Trị số mới, khoảng 70 kilomet/giây đối với những thiên hà cách xa nhau trung bình 3 triệu năm ánh sáng, gần như mười lần nhỏ hơn trị số của Hubble và Humason. Do đó, chúng ta suy diễn một lượng tuổi vũ trụ gần với 13 tỉ năm thay vì 1.5 tỉ năm.

Như sẽ được mô tả sau nầy, điều nầy cũng hoàn toàn phù hợp với những ước tính độc lập về tuổi của những tinh tú già nhất trong thiên hà của chúng ta. Từ Brahe đến Kepler, từ Lemaître đến Einstein và Hubble, và từ những quang phổ của các tinh tú đến sự phong phú của những yếu tố nhẹ (light elements), bốn trăm năm của khoa học hiện đại đã sản xuất được một bức tranh đáng chú ý và nhất quán của một vũ trụ bành trướng. Mọi thứ đều kết hợp lại với nhau. Bức tranh *Big Bang* trông rất khả quan.

Chương II
Cân Vũ Trụ

There are known knowns. These are things we know that we know. There are known unknowns. That is to say, there are things that we know we don't know. But there are also unknown unknowns. There are things we don't know we don't know. —DONALD RUMSFELD

(Có những điều khả tri nhận thức được. Đây là những điều chúng ta biết là mình biết. Có những điều bất khả tri nhận thức được. Nghĩa là, có những điều mà chúng ta biết là mình không biết. Nhưng cũng có những điều bất khả tri không nhận thức được. Có những điều mà chúng ta không nhận thức được là mình không biết.)

Tổng Quát

Sau khi xác định rằng vũ trụ có một bắt đầu, và sự bắt đầu đó là một thời gian hữu hạn (finite) và đo lường được trong quá khứ, câu hỏi tự nhiên kế tiếp là, "Nó sẽ kết liễu thế nào?"

Thực tế, đây chính là câu hỏi đã khiến Krauss di chuyển khỏi lãnh địa của ông, tức vật lý đơn tử, để bước sang vũ trụ học. Trong thập niên 1970 và 1980, từ những đo lường chi tiết về sự di chuyển của những tinh tú và hơi trong thiên hà của chúng ta, cũng như trừ sự di chuyển của những thiên hà trong những nhóm thiên hà lớn được gọi là những quần thể (*clusters*), người ta càng lúc càng thấy rõ rằng vũ trụ có nhiều thứ hơn so với những gì nhìn thấy bằng mắt thường hay viễn vọng kính.

Vera Rubin

Trọng lực (gravity) là lực chính vận hành trên quy mô vĩ đại của các thiên hà, nên đo lường sự di chuyển của những vật thể trên những quy mô nầy sẽ cho phép chúng ta tìm hiểu sức hút trọng lực nào gây ra sự di chuyển nầy. Những đo lường như thế đã khởi sự với công trình tiên phong của Vera Rubin, nhà thiên văn người Mỹ, và những đồng nghiệp của bà đầu thập niên 1970. Rubin đã tốt nghiệp tiến sỹ ở Georgetown sau khi lấy những lớp đêm trong lúc chồng bà ngồi đợi ngoài xe vì bà không biết lái xe. Bà đã nộp đơn vào Princeton, nhưng đại học nầy không nhận phụ nữ vào chương trình thiên văn học lúc bấy giờ cho đến năm 1975. Rubin vươn lên để trở thành người phụ nữ thứ nhì nhận được Huân Chương Vàng của Hiệp Hội Thiên Văn Học Hoàng Gia. Giải thưởng đó và nhiều phần thưởng xứng đáng khác của bà bắt nguồn từ những đo lường nổi tiếng của bà về nhịp độ quay (rotation rate) của thiên hà của chúng ta. Qua quan sát tinh tú và hơi nóng (hot gas) ở những vùng xa trung tâm thiên hà hơn, Rubin xác định được rằng những vùng nầy đang di chuyển nhanh hơn nhiều so với nhịp độ xoay trước kia theo giả định là trọng lực tác động trên di chuyển của chúng là do trọng khối (mass) của tất cả những vật thể bên trong thiên hà. Nhờ vào công trình của bà, các nhà thiên văn cuối cùng thấy rõ rằng cách giải thích duy nhất cho chuyển động nầy là đề xướng sự hiện hữu của trọng khối lớn hơn rất nhiều trong thiên hà của chúng ta so với trọng khối mà người ta có thể giải thích bằng cách cộng chung trọng khối của *tất cả* khối hơi nóng nầy và của các tinh tú.

Tuy nhiên, có một vấn đề với quan điểm nầy. Chính những tính toán từng giải thích một cách tốt đẹp sự phong phú được quan sát (observed abundance) của những yếu tố nhẹ (light elements - *hydrogen, helium,* và *lithium*) trong vũ trụ cũng ít nhiều nói với chúng ta làm thế nào những *protons* và *neutrons*, nồng cốt của vật chất thông thường, phải hiện hữu trong vũ trụ. Cũng như công thức nấu ăn - trong trường hợp nầy là nấu nguyên tử (nuclear cooking) - đó là vì số lượng của thành phẩm tùy thuộc số lượng của mỗi thành tố được xử dụng ban đầu. Nếu tăng gấp đôi công thức - bốn trứng thay vì hai, chẳng hạn - bạn sẽ có nhiều thành phẩm hơn, trong trường hợp nầy là một món trứng chiên. Nhưng tỉ trọng (density) ban đầu của *protons* và *neutrons* trong vũ trụ từ *Big Bang*, như đã được xác định qua tham chiếu sự phong phú của *hydrogen, helium,* và *lithium,* giải thích khoảng hai lần số lượng vật chất mà chúng ta có thể nhìn thấy trong các tinh tú và hơi nóng. Những đơn tử đó ở đâu? Dễ tưởng tượng những cách thức che giấu những *protons* và *neutrons* (những bóng tuyết, hành tinh, các nhà vũ trụ học ... không có cái nào sáng cả), như thế, nhiều vật lý gia tiên đoán rằng có bao nhiêu *protons* và *neutrons* trong bóng tối thì có bấy nhiêu vật thể hiển thị (visible objects). Tuy nhiên, khi tính phải cộng chung bao nhiêu "vật thể tối (dark matter)" mới giải thích được sự di chuyển của vật chất trong thiên hà của chúng ta, chúng ta thấy rằng tỉ lệ của toàn thể vật chất với vật chất hiển thị không phải là 2 đối 1, mà gần như 10 đối 1. Nếu đây không phải là một sai lầm thì vật chất tối không thể được tạo bằng *protons* và *neutrons.* Chúng dứt khoát không có đủ.

Khi còn là một vật lý gia trẻ về đơn tử căn bản (elementary particles) trong thập niên 1980, tôi vô cùng thích thú khi học về khả thể hiện hữu của vật chất tối ngoại lai (exotic dark matter). Hiển nhiên tôi hàm ngụ rằng những đơn tử hàng đầu trong vũ trụ không phải là những *protons* và *neutrons* thông thường kiểu cũ, mà có thể là một loại mới nào đó của đơn tử căn bản, một cái gì không hiện hữu trên trái đất ngày nay, mà là cái gì bí ẩn đã trôi giữa các tinh tú và âm thầm điều hành toàn bộ cái màn trọng lực mà chúng ta gọi là một thiên hà.

Ba hướng nghiên cứu mới

Thậm chí thích thú hơn, ít nhất đối với Krauss, điều nầy hàm ngụ ba hướng nghiên cứu mới có thể rọi sáng lại một cách căn bản bản chất của thực tại.

1. Nếu những đơn tử nầy được tạo ra trong *Big Bang*, như những đơn tử căn bản mà Krauss đã mô tả, thì chúng ta có thể dùng những khái niệm về lực chi phối những đối tác của các đơn tử căn bản - thay vì những đối tác của các nhân nguyên tử liên quan để xác định sự phong phú của các yếu tố - nhằm ước tính sự phong phú của những đơn tử ngoại lai mới trong vũ trụ ngày nay.
2. Có thể suy diễn toàn bộ sự phong phú của vật chất tối trong vũ trụ trên căn bản những khái niệm lý thuyết trong vật lý đơn tử, hay có thể đề xướng những thí nghiệm mới để thám sát vật chất tối - phương án nào cũng có thể nói với chúng ta tổng cộng có bao nhiêu vật chất tối và do đó hình học của vũ trụ của chúng ta sẽ là gì. Công việc của vật lý không phải là phát minh những gì mà chúng ta không thể nhìn thấy để giải thích những gì mà chúng ta có thể thấy, mà là nghĩ cách làm thế nào thấy được những gì chúng ta không thể thấy - thấy những gì trước kia không thấy, những bất khả tri nhận thức được. Mỗi ứng viên đơn tử căn bản mới cho vật chất tối cho thấy những khả thể mới cho những thí nghiệm nhằm trực tiếp thám sát những đơn tử vật chất tối di chuyển qua thiên hà bằng cách xây dựng những then máy trên trái đất để thám sát chúng khi trái đất truy cản di chuyển của chúng qua không gian. Thay vì xử dụng những viễn vọng kính để đi tìm những vật thể ở xa, nếu những đơn tử vật

chất tối ở trong những cụm mù mờ thâm nhập toàn bộ thiên hà, chúng ở đây với chúng ta bây giờ, và những máy thám sát (detectors) dưới đất có thể phát hiện sự hiện diện của chúng.
3. Nếu có thể xác định bản chất của vật chất đen, và sự phong phú của chúng, chúng ta có thể xác định vũ trụ sẽ kết liễu thế nào.

Khả năng cuối cùng nầy có vẻ là khả năng hào hứng nhất trong tất cả, nên Krauss sẽ bắt đầu với nó. Thực vậy, ông đã dấn thân vào thiên văn học vì ông muốn làm người đầu tiên biết vũ trụ sẽ kết liễu thế nào.
Đó có vẻ như là một ý tưởng hay lúc bấy giờ.

Tổng Thuyết Tương Đối

Khi Einstein triển khai tổng thuyết tương đối của ông, trong thâm tâm ông nghĩ đến khả thể không gian có thể uốn cong sự hiện diện của vật chất hay năng lượng. Ý tưởng lý thuyết nầy đã trở thành một cái gì xa hơn là suy đoán đơn thuần vào năm 1919 khi hai cuộc thám hiểm đã quan sát ánh sáng tinh tú uốn cong chung quanh mặt trời trong một nhật thực đúng vào góc độ mà Einstein đã tiên đoán nếu sự hiện diện của mặt trời uốn cong không gian chung quanh nó. Einstein gần như lập tức trở thành nổi tiếng và một nhân vật tên tuổi. (Hầu hết mọi người ngày nay nghĩ rằng chính phương trình $E = mc^2$, vốn đã có từ 15 năm trước, là nguyên nhân của sự kiện trên, nhưng không phải thế.)

Ba loại hình học

Bây giờ, nếu không gian có thể bị uốn cong, thì hình học của toàn thể vũ trụ sẽ bỗng nhiên trở thành hấp dẫn hơn nhiều. Tùy theo tổng số lượng vật chất trong vũ trụ của chúng ta, không gian có thể hiện hữu trong một của ba loại hình học khác nhau, gọi là *open (mở ra), closed (khép lại), hay flat (phẳng).*

Khó mà tưởng tượng một không gian ba chiều bị uốn cong có thể trông ra sao. Vì chúng ta là những sinh vật ba chiều, nên chúng ta có thể không hình dung theo trực giác một không gian ba chiều uốn cong dễ dàng như những sinh vật hai chiều trong cuốn sách nổi tiếng Flatland vốn có thể tưởng tượng thế giới của họ sẽ trông ra sao dưới mắt của một quan sát viên ba chiều nếu nó bị uốn cong như bề mặt của một hình cầu. Hơn nữa, nếu độ cong rất nhỏ thì khó tưởng tượng làm thế nào người ta có thể thực sự phát hiện nó trong đời sống hằng ngày, cũng như trong thời Trung Cổ, chẳng hạn, nhiều người cảm thấy rằng trái đất là phẳng vì theo nhãn quan của họ nó được trông là phẳng.

Những vũ trụ ba chiều rất khó vẽ - một vũ trụ khép lại cũng giống như một quả cầu ba chiều, nghe có vẻ ghê gớm - nhưng một số phương diện thì dễ mô tả. Nếu nhìn đủ xa trong một hướng của một vũ trụ khép lại, bạn có thể thấy phía sau ót của bạn.

Trong khi những hình học ngoại lai nầy có vẻ thích thú hay ấn tượng để nói, về mặt hoạt động có nhiều hậu quả quan trọng hơn về sự hiện hữu của chúng. Tổng thuyết tương đối nói với chúng ta dứt khoát rằng một vũ trụ khép lại trong đó tỉ trọng năng lượng được khống chế bởi vật chất như tinh tú và thiên hà, và thậm chí thêm nhiều vật chất ngoại lai, một ngày kia phải sụp đổ trong một tiến trình giống như sự đảo ngược (reverse) của *Big Bang* - một *Big Crunch*. Một vũ trụ mở ra sẽ tiếp tục bành trướng mãi mãi với một nhịp độ hữu hạn, và một vũ trụ phẳng chỉ nằm ở tại biên giới, đi chậm dần, nhưng không bao giờ ngừng lại hẳn.

Do đó, việc xác định được khối lượng vật chất đen, và tổng số tỉ trọng của trọng khối trong vũ trụ đá hứa hẹn mở ra câu trả lời cho câu hỏi cổ điển (ít nhất từ thời T. S. Eliot): Phải chăng vũ trụ sẽ kết liễu với một tiếng nổ (bang) hay tiếng thút thít (whimper)? Nan đề của việc xác định toàn bộ sự phong phú của vật chất tối có ít nhất từ nửa thế kỷ, và người ta có thể viết nguyên một cuốn sách về nó, điều mà thực sự Krauss đã làm, trong cuốn sách *Quintessence* của ông. Tuy nhiên, trong trường hợp nầy, như ông sẽ chứng minh (với cả lời lẫn hình vẽ), quả đúng là một bức hình đáng giá ngàn (hay trăm ngàn) lời nói.

Những đại quần thể thiên hà

Những vật thể lớn nhất bị liên kết lại do trọng lực trong vũ trụ được gọi là những đại quần thể thiên hà (*superclusters of galaxies*). Những thiên thể như thế có thể chứa hàng ngàn thiên hà cá nhân hay nhiều hơn và có thể trải rộng cả chục triệu năm ánh sáng. Đa số những thiên hà hiện hữu trong những đại quần thể như thế, và quả thực chính thiên hà của chúng ta được nằm bên trong đại quần thể Virgo của các thiên hà; trung tâm của nó ở cách xa chúng ta khoảng 60 triệu năm ánh sáng.

Vì những đại quần thể quá lớn và quá nặng nên trên căn bản bất kỳ cái gì rơi vào bất kỳ cái gì cũng sẽ rơi vào những quần thể. Do đó, nếu chúng ta có thể cân được những đại quần thể thiên hà và sau đó ước tính được tổng tỉ trọng của những đại quần thể như thế trong vũ trụ thì chúng ta có thể "cân vũ trụ (weigh the universe)", kể cả mọi vật chất đen. Như vậy, nếu xử dụng những phương trình của Tổng thuyết tương đối chúng ta có thể xác định có đủ vật chất để đóng vũ trụ lại hay không.

Đến đây coi như tạm ổn, nhưng làm sao chúng ta có thể cân những thiên thể ở xa hàng chục triệu năm ánh sáng? Đơn giản: dùng trọng lực.

Năm 1936, do sự động viên của Rudi Mandl, một nhà thiên văn tài tử, Albert Einstein đã xuất bản một tài liệu ngắn trong tạp chí *Science* mang tựa đề "*Lens-Like Action of a*

Star by the Deviation of Light in the Gravitational Field." Trong ghi chú ngắn nầy Einstein chứng minh sự kiện đáng chú ý rằng chính không gian có thể hành động giống như một lăng kính (lens), uốn cong ánh sáng và phóng đại nó, cũng như những lăng kính trong cặp kiếng đọc sách.

Đó là thời kỳ tử tế hơn và trang nhã hơn trong năm 1936, và quả thích thú khi đọc phần nhập đề bình dị trong ghi chú của Einstein: "*Một thời gian trước, R. W. Mandl đến thăm tôi và yêu cầu tôi cho xuất bản những kết quả của một tính toán nhỏ, điều mà tôi đã làm theo yêu cầu của ông. Tài liệu nầy phù hợp bởi nguyện vọng của ông.*" Có lẽ tính bình dị nầy thích hợp với ông vì ông là Einstein, nhưng Krauss thích giả định rằng đó là một sản phẩm của thời đại, khi những kết quả khoa học chưa luôn luôn được trình bày trong ngôn ngữ chuyên môn.

Dù gì đi nữa thì sự kiện ánh sáng đi theo những hướng trình uốn cong nếu chính không gian bị uốn cong khi có sự hiện diện của vật chất là tiên đoán mới đầu tiên có ý nghĩa về Tổng thuyết tương đối và là sự khám phá đã khiến Einstein nổi tiếng thế giới, như đã nói. Như thế có lẽ không mấy ngạc nhiên (như mới được biết gần đây) khi vào năm 1912, rất lâu trước khi Einstein thực sự hoàn tất Tổng thuyết tương đối, ông đã hoàn thành những tính toán - trong khi ông cố tìm một hiện tượng có thể quan sát được nào đó để có thể thuyết phục các nhà thiên văn thử nghiệm những ý tưởng của ông; những tính toán nầy chủ yếu giống hệt như những tính toán mà ông đã xuất bản năm 1936 theo yêu cầu của Ô. Mandl. Có lẽ vì ông đạt được một kết luận trong năm 1912 mà ông trình bày trong tài liệu của năm 1936, cụ thể "không có cơ may nào lớn để quan sát hiện tượng nầy", nên ông không bao giờ bận tâm xuất bản công trình trước đó của ông. Thực tế, sau khi xem xét những bản thảo của ông trong cả hai thời kỳ, chúng ta không thể nói chắc rằng sau đó thậm chí ông có nhớ đã làm những tính toán nguyên ủy 24 năm trước hay không.

Điều mà Einstein thực sự nhìn nhận trong hai trường hợp là: sự uốn cong của ánh sáng trong một trọng trường (gravitational field) có thể có nghĩa là, nếu một vật sáng được xác định đúng phía sau một màn chắn trọng khối (intervening distribution of mass), thì những tia sáng nào đi ra trong những hướng khác nhau có thể uốn cong chúng qua màn chắn và hội tụ trở lại, tương tự như khi chúng đi qua một lăng kính thường, sản sinh ra hoặc một phóng đại của vật thể ban đầu, hoặc sinh ra nhiều bản sao hình ảnh của vật thể đó; một số những hình ảnh nầy có thể bị dị dạng.

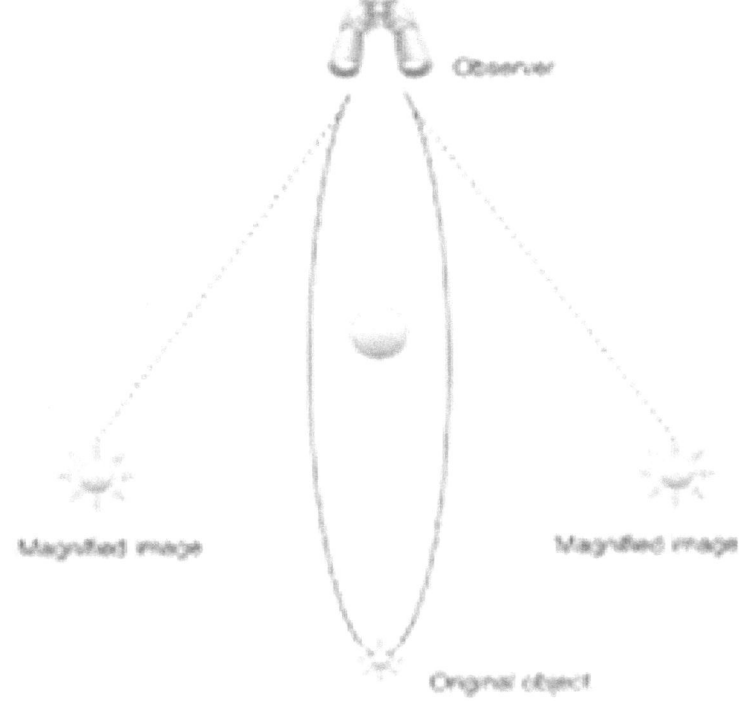

Chương II: Cân vũ trụ

Khi ông tính những hệ quả khúc xạ (lensing) được tiên liệu của một tinh tú xa do một tinh tú chắn đường trong tiền cảnh, hệ quả đó rất nhỏ nên nó có vẻ hoàn toàn không đo lường được, điều khiến ông đã đưa ra ghi chú nói trên - nghĩa là một hiện tượng như thế khó có thể quan sát được. Do đó, Einstein nghĩ rằng tài liệu của ông có ít giá trị thực tiễn. Như ông đã nói trong thư giới thiệu của ông gởi cho chủ bút của tạp chí *Science* lúc đó: "*Cũng cho phép tôi cám ơn về sự hợp tác của ông với tài liệu nhỏ mà Ô. Mandl đã tìm ra cho tôi. Nó không có giá trị gì mấy, nhưng nó đã làm ông ấy vui.*"

Tuy nhiên, Einstein không phải là một nhà thiên văn, và người ta phải nhận thức rằng hệ quả mà Einstein đã tiên đoán không những có thể đo lường được mà còn hữu ích nữa. Sự hữu ích của nó phát xuất từ việc áp dụng nó vào khúc xạ của những thiên thể xa bằng những hệ thống lớn hơn như những thiên hà hay ngay cả những quần thể thiên hà, chứ không phải khúc xạ của tinh tú đối với các tinh tú. Trong những tháng xuất bản của Einstein, Fritz Zwicky, nhà thiên văn nổi tiếng ở Caltech đã trình một tài liệu cho tạp chí *Physical Review* trong đó ông chứng minh khả thể tiên liệu của chính khả năng nầy (và cũng gián tiếp chê Einstein về việc ông không biết gì về hệ quả khả thể của khúc xạ của thiên hà thay vì của tinh tú).

Fritz Zwicky

Zwicky là một người nóng nảy và đi trước thời đại của ông. Đầu năm 1933, ông đã phân tích sự di chuyển tương đối của các thiên hà trong quần thể *Coma* và, nhờ vào những định luật chuyển động của Newton, ông đã khẳng định rằng những thiên hà di chuyển rất nhanh nên chúng sẽ trôi xa nhau ra, phá hủy quần thể, trừ phi có nhiều trọng khối hơn cả trăm lần trong quần thể so với trọng khối của những tinh tú mà thôi. Như thế ông đáng được xem là đã khám phá vật chất đen, mặc dù thời đó sự suy diễn của ông quá độc đáo nên đa số những nhà thiên văn có thể đã cảm thấy rằng có thể có một giải thích nào đó kém phần quái đản cho kết quả mà ông đã đạt được.

Tài liệu một trang của Zwicky năm 1937 cũng đáng chú ý không kém. Ông đề nghị ba cách xử dụng khác nhau về khúc xạ trọng lực (gravitational lensing):
(1) Thí nghiệm Tổng thuyết tương đối,
(2) Xử dụng những thiên hà chắn đường (intervening galaxies) như một loại viễn vọng kính để phóng đại những thiên thể xa hơn lý ra không thể nhìn thấy được qua viễn vọng kính dưới đất, và quan trọng nhất,
(3) Giải quyết bí mật tại sao những quần thể có vẻ nặng hơn so với trọng khối của vật chất hiển thị: "*Những quan sát trên khúc xạ ánh sáng chung quanh những tinh vân có thể cung ứng sự xác định trực tiếp nhất về những trọng khối tinh vân và giải quyết sự sai biệt vừa đề cập ở trên.*"

Tài liệu của Zwicky nay đã 74 năm nhưng ngược lại đọc nghe như một đề nghị hiện đại về xử dụng khúc xạ trọng lực để thăm dò vũ trụ. Thực vậy, mọi đề xuất mà ông đã đưa ra đều đúng, và đề xuất cuối cùng là có ý nghĩa nhất. Khúc xạ trọng lực của những viễn tinh (quasars) do các thiên hà chắn ngang được quan sát lần đầu tiên vào năm 1987, và vào năm 1998, 61 năm sau khi Zwicky đề nghị cân các tinh vân bằng khúc xạ trọng lực, trọng khối của một quần thể lớn đã được xác định bằng khúc xạ trong lực.

Tony Tyson

Vào năm đó, vật lý gia Tony Tyson và những đồng nghiệp của ông ở Phòng Thí Nghiệm *Bell Laboratories* đã quan sát thấy một quần thể lớn ở xa, mang một tên rất màu mè là *CL 0024 + 1654,* được xác định xa khoảng 5 tỉ năm ánh sáng. Trong hình ảnh đẹp nầy qua viễn vọng kính *Hubble Space Telescope,* một ví dụ đặc sắc về hình ảnh đa dạng của một thiên hà ở xa khoảng 5 tỉ năm ánh sáng phía sau quần thể có thể được nhìn thấy như là những hình ảnh rất dị dạng và kéo dài ra trong số những thiên hà lý ra tròn hơn, nói chung.

Hình ảnh nầy giúp chúng ta có được một tưởng tượng. Trước tiên, một điểm trong hình là một thiên hà, không phải là tinh tú. Mỗi thiên hà có lẽ chứa khoảng 100 tỉ hành tinh, và có lẽ những nền văn minh đã mất từ lâu. Tôi nói đã mất từ lâu vì tấm hình đã 5 tỉ tuổi. Ánh sáng được phát ra 500 triệu năm trước khi mặt trời và trái đất của chúng ta hình thành. Nhiều tinh tú trong hình không còn nữa, vì đã cạn hết năng lượng nguyên tử hàng tỉ năm trước. Ngoài ra, những hình ảnh dị dạng cho thấy chính xác những gì Zwicky cho là có thể có. Những hình ảnh dị dạng bên trái của trung tâm hình là những phiên bản phóng đại (và kéo dài) rất nhiều của thiên hà ở xa, lý ra không thể nhìn thấy.

Tiến trình đi ngược từ hình ảnh nầy để xác định sự phân phối trọng lực căn bản trong quần thể là một thách thức toán học phức tạp và phiền toái. Muốn làm thế, Tyson đã phải xây dựng một mô hình vi tính của quần thể và theo dõi những tia sáng từ nguồn xuyên qua quần thể theo tất cả những cách khả thể khác nhau, xử dụng những định luật của Tổng thuyết tương đối để xác định những hướng trình thích hợp, cho đến khi cấu trúc mà họ xây dựng phù hợp nhất với quan sát của những nhà nghiên cứu. Khi mọi chuyện êm xuôi, Tyson và những người cộng sự có được một đồ hình trình bày chính xác vị trí của trọng khối ở đâu trong hệ thống nầy vốn được vẽ trong tấm hình gốc:

Có một cái gì lạ thường trong tấm hình nầy. Những mũi nhọn trong hình tượng trưng cho vị trí của những thiên hà hiển thị trong tấm hình gốc, như đa số trọng lực của hệ thống được định vị giữa các thiên hà, trong một phân bố phẳng và tối. Thực vậy, trọng khối giữa các thiên hà 40 lần nhiều hơn so với trọng khối chứa trong vật chất hiển thị trong hệ thống (300 lần nhiều hơn so với trọng khối chứa trong các tinh tú với phần còn lại của vật chất hiển thị trong hơi nóng chung quanh chúng). Vật chất tối rõ ràng không được chứa trong các thiên hà, nhưng cũng khống chế tỉ trọng của các quần thể thiên hà.

Các vật lý gia đơn tử như Krauss không ngạc nhiên khi thấy rằng vật chất tối cũng khống chế những quần thể. Cho dù không có một bằng chứng nào, tất cả chúng ta đều đã hy vọng rằng số lượng vật chất tối có đủ trong vũ trụ phẳng, nghĩa là vật chất tối phải có 100 lần nhiều hơn như là vật chất hiển thị trong vũ trụ.

Vũ trụ phẳng

Lý do đơn giản: một vũ trụ phẳng là vũ trụ đẹp duy nhất về mặt toán học. Tại sao? Xin hãy lắng nghe. Dù số lượng vật chất tối có đủ hay không để sản sinh một vũ trụ phẳng, những quan sát như đã đạt được do khúc xạ trọng lực và những quan sát gần đây hơn từ các lãnh vực khác của thiên văn học đã khẳng định rằng tổng số vật chất tối trong các thiên hà và quần thể là quá nhiều so với số lượng cho phép của những tính toán nguyên tử tổng hợp (nucleosynthesis) của *Big Bang*. (Xin nhớ rằng những kết quả của khúc xạ trọng lực từ sự uốn cong không gian địa phương - local curvature of space - chung quanh những thiên thể nặng, độ phẳng của vũ trụ liên quan với độ cong trung bình toàn thể của không gian, không kể những nhiễu sóng địa phương - local ripples - chung quanh những thiên thể nặng.) Bây giờ chúng ta gần như chắc chắn rằng vật chất tối phải được làm thành bằng một cái gì hoàn toàn mới, một cái gì không hiện hữu bình thường trên trái đất. (Xin nhớ rằng vật thể đen đã được kiểm chứng độc lập trong nhiều khung tham chiếu vật lý thiên văn, từ thiên hà đến quần thể thiên hà.) Loại vật chất nầy, vốn không phải là vật chất của tinh tú, cũng không phải là vật chất của trái đất. Nhưng nó là một cái gì đó!

Những suy diễn xa xưa về vật chất tối trong thiên hà của chúng ta đã tạo nên nguyên bộ môn vật lý thực nghiệm, và Krauss rất vui để nói rằng ông đã đóng một vai trò trong việc phát triển bộ môn đó. Như đã nói ở trên, những đơn tử vật chất tối đều có mặt chung quanh chúng ta - trong phòng ông đang đánh máy cũng như "ngoài kia" trong không gian. Do đó, chúng ta có thể thực hiện những thí nghiệm để tìm kiếm vật chất tối và loại đơn tử căn bản hay đơn tử mới nói chung cấu tạo nên nó.

Những thí nghiệm đang được thực hiện trong các hầm mỏ và các đường hầm sâu dưới đất. Tại sao ở dưới đất? Vì trên mặt đất, chúng ta thường xuyên bị dội bom bằng mọi cách của những tia vũ trụ (cosmic rays), từ mặt trời và từ những thiên thể xa hơn. Vì vật chất đen, do chính bản chất của nó, không phản ứng điện từ để tạo ra ánh sáng, chúng ta giả định rằng những đối tác của nó với vật chất thường là rất yếu, nên rất khó bị phát hiện. Cho dù chúng ta bị dội bom hằng ngày bởi hàng triệu đơn tử vật chất đen, đa số sẽ đi qua chúng ta và trái đất, mà không "biết" chúng ta ở đây - và chúng ta cũng không để ý. Như thế, nếu bạn muốn thám sát những hệ quả của những ngoại lệ rất hiếm hoi (rare exceptions) đối với quy luật nầy - tức những đơn tử vật chất tối thực sự phóng ra từ các nguyên tử vật chất - bạn nên chuẩn bị thám sát những biến cố rất hiếm hoi và vô thường. Chỉ ở dưới mặt đất bạn mới được bảo vệ đầy đủ trước những tia vũ trụ để có thể làm việc nầy, dù chỉ trên nguyên tắc.

Large Hadron Collider

Tuy nhiên, khi Krauss viết điều nầy, một khả thể không kém phần thích thú đang xuất hiện. Hệ *Large Hadron Collider,* bên ngoài Geneve, Thụy Sỹ, chiếc máy tăng tốc đơn tử (particle accelerator) mạnh nhất thế giới, đã vừa bắt đầu chạy. Nhưng chúng ta có nhiều lý do để tin rằng, tại những năng lượng rất cao khi những *protons* bị nghiền nát với nhau trong máy, những điều kiện tương tự với những điều kiện trong vũ trụ sơ khai sẽ được tái tạo, mặc dù trên những vùng cực kỳ nhỏ. Trong những vùng như thế chính những đối tác trong thời kỳ vũ trụ sơ khai vốn có thể đã tạo ra đầu tiên những gì bây giờ trở thành những đơn tử vật chất tối đều có thể tạo ra bây giờ những đơn tử tương tự trong phòng thí nghiệm! Như thế có một cuộc chạy đua lớn đang diễn ra. Ai sẽ phát hiện những đơn tử vật chất tối trước: những nhà thí nghiệm sâu dưới đất hay những nhà thí nghiệm tại máy tăng tốc *Large Hadron Collider*? Tin mừng là: nếu một trong hai nhóm thắng cuộc thì không ai thua cuộc cả. Tất cả chúng ta đều thắng, vì biết được cốt lõi tối hậu của vật chất thực sự là gì. Cho dù những đo lường vật lý thiên văn mà Krauss đã mô tả không cho thấy danh tánh của vật chất tối, chúng cũng nói với chúng ta có bao nhiêu phần của nó thực sự có. Một xác định tối hậu, trực tiếp của tổng số vật chất trong vũ trụ đã đến từ những suy diễn tốt đẹp của những đo lường khúc xạ trọng lực như đo lường mà Krauss đã mô tả kết hợp với những quan sát khác về những phát đi của tia X từ các quần thể. Những ước tính độc lập của tổng trọng khối của các quần thể là có thể có, vì nhiệt độ của hơi trong các quần thể vốn sinh ra những tia X có liên quan đến tổng trọng khối của hệ thống trong đó chúng phát ra. Những kết quả thật bất ngờ, và, như ông đã ám chỉ, gây thất vọng cho nhiều khoa học gia chúng tôi. Vì khi bụi đã lắng xuống, theo nghĩa đen cũng như nghĩa bóng, tổng trọng khối bên trong và chung quanh những thiên hà và quần thể được xác định chỉ có khoảng 30% tổng trọng khối cần có để hiện hữu trong một vũ trụ phẳng ngày nay. (Xin nhớ rằng trọng khối nầy 40 lần lớn hơn trọng khối được ước tính từ vật chất hiển thị; do đó vật chất hiển thị nầy tạo ra không đến 1% trọng khối cần để tạo ra một vũ trụ phẳng.)

Einstein có thể đã ngạc nhiên khi thấy tập "xuất bản nhỏ" của ông chung quy hoàn toàn không vô ích. Khi được bổ sung bởi những dụng cụ quan sát và thực nghiệm mới vốn mở ra những cửa sổ mới trên vũ trụ, những phát triển lý thuyết mới vốn có thể đã làm ông ngơ ngác và thích thú, và sự khám phá ra vật chất tối vốn có thể đã làm cho ông tăng huyết áp, bước nhỏ của Einstein vào thế giới của không gian uốn cong cuối cùng đã trở thành một bước khổng lồ. Vào đầu năm 1990, chén thánh của vu trụ học rõ ràng đã hoàn tất. Những quan sát đã xác định rằng chúng ta sống trong một vũ trụ mở ra, một vũ trụ do đó sẽ vĩnh viễn bành trướng.

Hay nó đã bành trướng?

Chương III
Buổi đầu của thời gian

"Trong buổi đầu thế nào thì bây giờ và mãi mãi về sau cũng vậy." - Gloria Patri

Tổng Quát

Nếu bạn để tâm tìm cách xác định độ cong thực sự của vũ trụ bằng cách đo lường tổng trọng khối bên trong nó và như thế việc xử dụng những phương trình của Tổng thuyết tương đối để đi ngược lại có những vấn đề tiềm tàng rất lớn. Dứt khoát bạn phải thắc mắc vật chất có bị che giấu hay không theo những cách mà chúng ta không thể khám phá. Chẳng hạn, chúng ta chỉ có thể thăm dò sự hiện hữu của vật chất bên trong những hệ thống nầy bằng cách xử dụng động năng trọng lực (gravitational dynamics) của những hệ thống hiển thị như những thiên hà (galaxies) và quần thể (clusters). Nếu bằng cách nào đó trọng khối đáng kể đã nằm ở nơi nào khác thì chúng ta sẽ thiếu mất nó. Tốt hơn là trực tiếp đo lường hình học của toàn thể vũ trụ hiển thị. Nhưng làm sao đo được hình học ba chiều của toàn thể vũ trụ hiển thị? Cách dễ hơn là bắt đầu với một câu hỏi đơn giản hơn: Làm sao bạn có thể xác định một vật thể hai chiều như mặt trái đất là cong nếu bạn không thể đi chung quanh trái đất hay không thể đi trên nó trong một vệ tinh và nhìn xuống?

Trước tiên, bạn có thể hỏi một học sinh trung học, Tổng trị số của các góc của một tam giác là bao nhiêu? (Tuy nhiên, hãy cẩn thận trong việc lựa chọn trường trung học ... một trung học Âu Châu là một lựa chọn tốt.) Học sinh đó sẽ nói với bạn là 180 độ, vì học sinh đó chắc chắn đã học hình học *Euclid* - tức hình học đi liền với những tờ giấy phẳng. Trên một mặt cong hai chiều như hình cầu, bạn có thể vẽ một tam giác, với tổng trị số các góc lớn hơn 180 độ rất nhiều. Ví dụ, thử vẽ một đường thẳng dọc theo đường xích đạo (equator), sau đó vẽ một góc vuông, đi lên phía Bắc Cực (North Pole), sau đó vẽ một góc vuông khác ngược xuống đường xích đạo, như trong hình vẽ bên dưới. Ba lần 90 là 270, lớn hơn 180 độ rất nhiều.

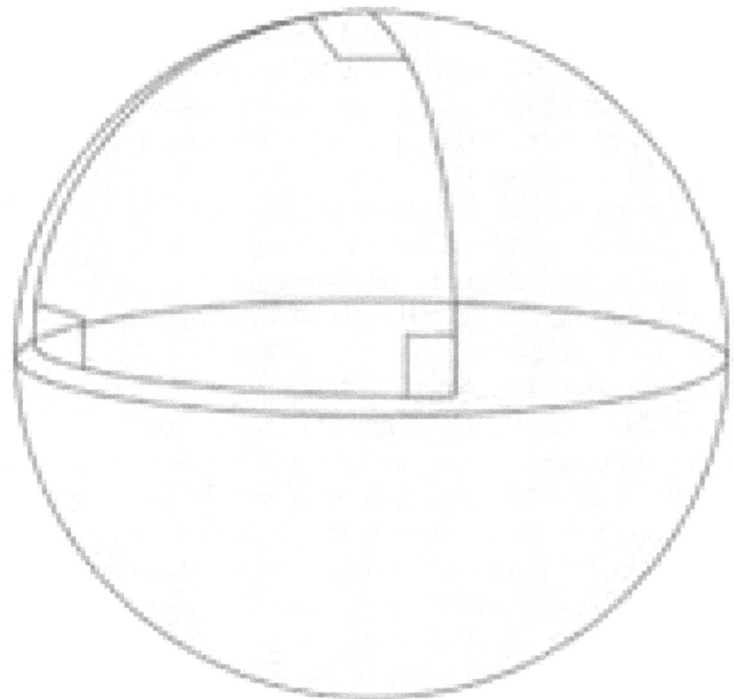

Thành ra lối suy nghĩ hai chiều đơn giản nầy là một nới rộng trực tiếp và y hệt với ba chiều, vì những nhà toán học nào đầu tiên đã đề xướng hình học không phẳng, hay mệnh danh là không *Euclid* đều nhận thấy rằng cùng những khả thể trong hai chiều có thể hiện hữu trong ba chiều. Thực vậy, Carl Friedrich Gauss, nhà toán học nổi tiếng nhất của thế kỷ 19, rất ngạc nhiên trước khả thể vũ trụ của chính chúng ta có thể bị uốn cong nên ông lấy những dữ kiện của thập niên 1820 và 1830 từ những bản đồ trắc địa (geodetic survey maps) để đo lường những tam giác lớn giữa những đỉnh núi ở Đức như Hoher Hagen, Inselberg, và Brocken để xác định xem ông có thể phát hiện được độ cong nào của chính không gian hay không. Đương nhiên, sự kiện những ngọn núi trên mặt cong của trái đất có nghĩa là sự uốn cong hai chiều của bề mặt trái đất có thể đã được suy diễn từ bất kỳ đo lường nào mà ông thực hiện để tìm hiểu độ cong trong không gian nền ba chiều (background three-dimensional space), trong đó trái đất được định vị, điều mà ông chắc chắn đã biết. Giả sử ông hoạch định trừ bớt những phụ kiện như thế trong những kết quả chung quyết của ông để xem nếu có phần uốn cong còn lại nào thì phần đó có thể quy cho độ uốn cong của không gian nền hay không.

Nikolai Ivanovitch Lobachevsky

Người đầu tiên thử đo độ cong của không gian dứt khoát là Nikolai Ivanovitch Lobachevsky, một nhà toán học lu mờ sống tại Kazan xa xăm của Nga. Không như Gauss, Lobachevsky thực sự là một trong số hai nhà toán học đã rón rén đề xướng bằng giấy bút khả thể của cái gọi là hình học uốn cong theo dạng *hyperbole*, trong đó những đường thẳng song song có thể phân ly (diverge). Điều đáng chú ý là năm 1830, Lobachevsky đã cho in công trình của ông về hình học *hyperbole* (điều mà ngày nay chúng ta gọi là vũ trụ "cong vào - negatively curved" - hay "mở ra - open").

Không bao lâu sau đó, khi xem xét vũ trụ ba chiều của chúng ta có thể theo dạng *hyperbole* hay không, Lobachevsky đề nghị rằng người ta có thể "truy cứu một tam giác sao (stellar triangle) để có một giải pháp thực nghiệm cho câu hỏi trên" Ông cho rằng những quan sát của sao sáng Sirus có thể thực hiện được khi trái đất ở bên nầy hay bên kia quỹ đạo của nó chung quanh mặt trời, cách nhau 6 tháng. Từ những quan sát, ông kết luận rằng bất kỳ độ cong nào của vũ trụ của chúng ta cũng phải ít nhất 166 ngàn lần lớn hơn bán kính của quỹ đạo trái đất.

Đây là một con số lớn, nhưng nó vô cùng nhỏ trên quy mô vũ trụ. Không may, trong khi Lobachevsky có tư tưởng đúng, ông lại bị giới hạn bởi kỹ thuật thời bấy giờ. Tuy nhiên, 156 năm sau, sự việc đã khá hơn, nhờ vào loạt quan sát quan trọng nhất trong vũ trụ học: những do lường bức xạ nền của sóng vi ba vũ trụ (cosmic microwave background radiation, hay *CMBR*). *CMBR* không gì hơn là hiện tượng hậu phát quang (afterglow) của *Big Bang*. Nó cung ứng một bằng chứng trực tiếp khác, trong trường hợp cần đến, theo đó, *Big Bang* đã thực sự xả ra, vì nó cho phép chúng ta trực tiếp nhìn lui lại và thám sát bản chất của vũ trụ rất trẻ và nóng, từ đó những cơ cấu mà chúng ta thấy ngày nay đã xuất hiện.

Một trong nhiều điều đáng chú ý về *CMBR* là: nó được khám phá ở New Jersey bởi hai khoa học gia đã thực sự không hề có một ý tưởng nào về những gì họ đang đi tìm. Điều đáng chú ý khác là nó hiện hữu tiềm tàng dưới mũi của mọi người qua nhiều thập niên, có thể quan sát được, nhưng lại hoàn toàn không ai biết đến. Thực vậy, độ tuổi của bạn có thể đủ lớn và đã nhìn thấy những hệ quả của nó mà không nhận ra nó, nếu bạn nhớ lại thời kỳ trước khi có *cable TV,* khi các kênh thường kết thúc chương trình phát hình trong ngày vào một hay hai giờ sáng và không chiếu các chương trình quảng cáo gián tiếp (infocommercials) suốt đêm. Khi họ chấm dứt phát hình, sau khi chiếu một mẫu trắc nghiệm (test pattern), màn hình nổi tuyết nhiều (static). Khoảng 1% tuyết nhiễu mà bạn nhìn thấy trên màn hình là bức xạ còn sót lại từ thời *Big Bang*.

Nguồn gốc của *CMBR* tương đối dễ biết. Vì vũ trụ có một tuổi hữu hạn (khoảng 13.73 tỉ năm), và khi nhìn vào những vật thể xa hơn, chúng ta đang nhìn ngược thời gian (vì ánh sáng mất nhiều thời gian hơn để đi đến chúng ta từ những thiên thể đó), bạn có thể tưởng tượng rằng, nếu chúng ta nhìn đủ xa thì chúng ta sẽ thấy chính *Big Bang*. Trên nguyên tắc, điều nầy không phải là không có thể, nhưng trên thực tế, có một bức tường nằm giữa chúng ta và thời sơ khai. Không phải là một bức tường vật lý như những bức tường trong phòng Krauss đang ngồi viết nầy mà là một bức tường cũng có một hệ quả tương tự, trên một phạm vi lớn.

Krauss không thể thấy xuyên qua những bức tường trong phòng của ông vì chúng không trong suốt. Chúng hấp thụ ánh sáng. Bây giờ, khi nhìn lên bầu trời xa hơn và ngược thời gian, ông đang nhìn vào vũ trụ khi nó càng lúc càng trẻ hơn, và cũng càng lúc càng nóng hơn, vì nó đã nguội dần kể từ thời *Big Bang*. Nếu nhìn ngược đủ xa, đến một thời kỳ khi vũ trụ khoảng 300 ngàn tuổi, nhiệt độ của vũ trụ lúc đó khoảng 3000 độ *Kelvin* trên không độ tuyệt đối. Tại nhiệt độ nầy, bức xạ chung quanh (ambient radiation) rất mạnh nên có thể phá vỡ từng mảnh những nguyên tử trong vũ trụ, những nguyên tử *hydrogen*, thành những thành tố rời nhau, *protons* và *electrons*. Trước thời kỳ nầy, không có vật chất tung hòa (neutral matter). Vật chất thông thường trong vũ trụ, vì được tạo ra bởi những nhân nguyên tử (*atomic nuclei*) và *electrons*, bao gồm một loại "*plasma*" cô kết của những đơn tử tích điện (*charged particles*) đối tác với bức xạ.

Tuy nhiên, Một chất *plasma* có thể không trong suốt đối với bức xạ. Những đơn tử tích điện bên trong *plasma* hấp thụ những quang tử (*photons*) và phát chúng đi trở lại để bức xạ không thể dễ dàng đi qua một vật thể như thế mà không bị chặn lại. Do đó, nếu cố nhìn ngược thời gian, Krauss không thể nhìn qua thời gian được khi vật chất trong vũ trụ đã chứa đầy một *plasma* như thế.

Một lần nữa, nó trông như những bức tường trong căn phòng của Krauss. Ông có thể nhìn thấy những bức tường chỉ vì những *electrons* trong các nguyên tử trên bề mặt của bức tường hập thụ ánh sáng từ ánh đèn trong văn phòng của ông và sau đó phát nó đi trở lại, và không khí giữa ông và bức tường là trong suốt (transparent) nên ông có thể nhìn thấy tận mặt phẳng của bức tường đang phát đi ánh sáng. Với vũ trụ cũng vậy. Khi nhìn ra ngoài, ông có thể thấy ngược đến tận "bề mặt trải rộng cuối cùng (last scattering surface)" đó, vốn là điểm tại đó vũ trụ đã trở nên trung hòa, trong đó những *protons* phối hợp với *electrons* để tạo ra những nguyên tử *hydrogen* trung hòa. Sau điểm đó, vũ trụ trở nên phần lớn trong suốt đối với bức xạ, và bây giờ ông có thể thấy bức xạ bị hấp thụ và phát trở lại bởi những *electrons* khi vật chất trong vũ trụ trở nên trung hòa.
Như thế, đó là một *tiên đoán* về bức tranh *Big Bang* của vũ trụ theo đó sẽ có bức xạ đi đến ông từ mọi hướng từ cái "bề mặt trải rộng cuối cùng" đó. Vì vũ trụ đã bành trướng gấp khoảng 1000 lần từ thời đó, bức xạ đã nguội đi trên đường đến chúng ta và bây giờ lạnh khoảng 3 độ trên không độ tuyệt đối. Và đó chính là tín hiệu mà hai khoa học gia không may mắn đã tìm thấy ở New Jersey năm 1965, và vì sự khám phá đó mà về sau họ được giải Nobel.

Thực tế thì giải thưởng thứ nhì đã được trao gần đây hơn cho những quan sát về *CMBR*, và có lý do chính đáng. Nếu chúng ta có thể chụp được một bức hình của cái "bề mặt trải rộng cuối cùng" thì chúng ta sẽ có một bức hình của vũ trụ sơ sinh chỉ có 300 ngàn tuổi. Chúng ta có thể nhìn thấy tất cả những cấu trúc sẽ sụp đổ một ngày nào đó để tạo thành những thiên hà, tinh tú, hành tinh, người hành tinh, và tất cả những gì còn lại. Quan trọng nhất là những cấu trúc nầy có thể đã không bị ảnh hưởng bởi tất cả tiến hóa động năng (dynamical evolution) tiếp theo vốn có thể làm lu mờ bản chất cơ bản và nguồn gốc của những dao động cực nhỏ ban đầu trong vật chất và năng lượng giả định được tạo ra bởi những tiến trình ngoại lai trong những thời kỳ sơ khai của *Big Bang*.

Tuy nhiên, quan trọng nhất đối với mục tiêu của chúng ta, trên bề mặt nầy có thể có một khung quy chiếu riêng, được quy định bởi không gì khác hơn là chính thời gian. Người ta có thể hiểu điều nầy như thế nầy: Nếu chúng ta xem xét một khoảng cách trải dài khoảng 1 độ trên cái "bề mặt trải rộng cuối cùng" theo một quan sát viên trên trái đất, điều nầy sẽ tương đương với một khoảng cách trên bề mặt đó khoảng 300 ngàn năm ánh sáng. Bây giờ, vì cái "bề mặt trải rộng cuối cùng" phản ảnh một thời kỳ mà chính vũ trụ mới khoảng 300 ngàn tuổi; và vì Einstein nói với chúng ta rằng không thông tin nào có thể đi qua không gian nhanh hơn vận tốc ánh sáng, điều nầy có nghĩa là không một tín hiệu nào từ một nơi có thể đi qua bề mặt nầy lúc đó hơn 300 ngàn năm ánh sáng.

Bây giờ thử xem một khối vật chất có đường kính nhỏ hơn 300 ngàn năm ánh sáng. Một khối vật chất như vậy đã sẽ phải bắt đầu sụp đổ vì chính trọng lực của nó. Nhưng một khối vật chất có đường kính lớn hơn 300 ngàn năm ánh sáng sẽ không sụp đổ hay thậm chí bắt đầu sụp đổ, vì nó thậm chí còn không "biết" mình là một khối. Không thể nào trọng lực, vốn chính nó truyền tải theo vận tốc ánh sáng, đã đi qua hết đường kính của khối. Tương tự như Wile E. Coyote rơi ra khỏi vách đá va treo lơ lửng trên không trong những hoạt hình *Road Runner*, khối vật chất sẽ chỉ ngồi đó, chờ sụp đổ khi vũ trụ trở nên đủ già để nó biết nó giả định phải làm cái gì!

Tam giác đặc biệt
Điều nầy nêu bật một tam giác đặc biệt, với một cạnh dài 300 ngàn năm ánh sáng, một khoảng cách rất xa chúng ta, được xác định bởi khoảng cách giữa chúng ta và cái "bề mặt trải rộng cuối cùng" như hình bên dưới:

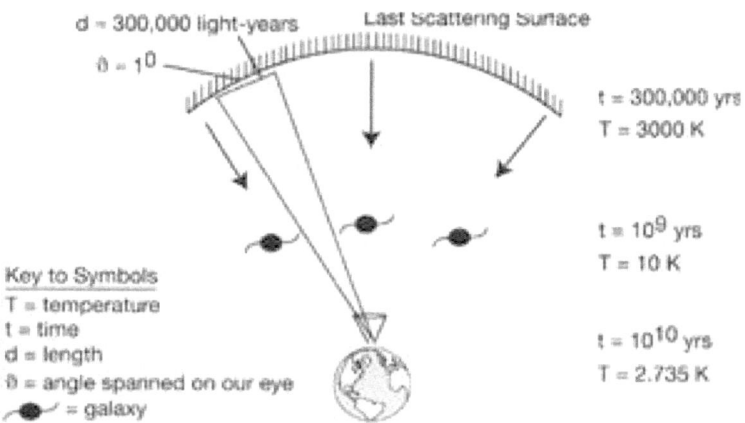

Những khối vật chất lớn nhất - có thể đã bắt đầu sụp đổ và khi làm thế sẽ tạo ra những hiện tượng bất bình thường (irregularities) trên hình ảnh của bề mặt nền vi ba (microwave background surface) - sẽ quét vùng phương giác (angular scale) nầy. Nếu có thể có được một hình ảnh của bề mặt nầy như được thấy lúc đó thì chúng ta sẽ hy vọng những điểm nóng như thế, tính trung bình, sẽ là những khối lớn nhất mà chúng ta nhìn thấy trong hình.

Tuy nhiên, vùng phương giác được khoảng cách nầy quét có chính xác là một độ hay không sẽ thực sự được xác định bởi hình học của vũ trụ. Trong một vũ trụ phẳng (flat universe), những tia sáng đi theo đường thẳng. Tuy nhiên, trong một vũ trụ mở ra (open universe), những tia sáng uốn cong ra ngoài khi người ta đi theo chúng ngược chiều thời gian. Trong một vũ trụ đóng kín (closed universe) những

Chương III: Buổi Đầu của Thời Gian

tia sáng hội tụ lại khi người ta đi theo chúng ngược chiều thời gian. Như thế, góc thực sự được một cây thước quét trên mắt của chúng ta có chiều ngang là 300 ngàn năm ánh sáng, ở tại một khoảng cách đi liền với cái "bề mặt trải rộng cuối cùng", tùy theo hình học của vũ trụ như hình bên dưới.

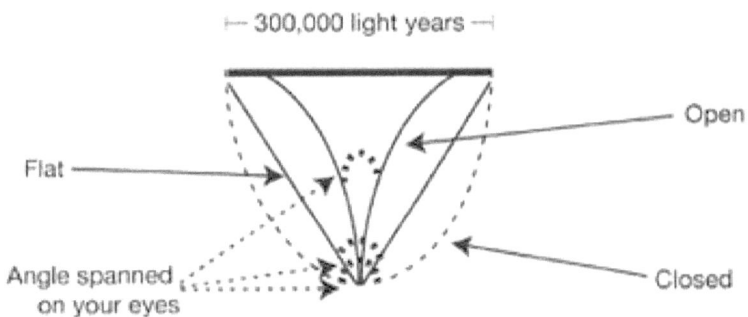

Điều nầy cung ứng một trắc nghiệm trực tiếp và rõ ràng về hình học của vũ trụ. Kích thước của những điểm nóng hay điểm lạnh trong hình ảnh bức xạ nền vi ba (microwave background radiation - *CMBR*) chỉ tùy thuộc trên nguyên tắc nhân quả (causality) - nghĩa là, trọng lực chỉ có thể truyền tải theo vận tốc ánh sáng, và như thế vùng lớn nhất có thể đã sụp đổ lúc đó đơn thuần được xác định bởi khoảng cách xa nhất mà một tia sáng có thể đã đi lúc đó. Do đó, và vì cái góc mà chúng ta thấy được quét bởi một cây thước cố định tại một khoảng cách cố định đối với chúng ta chỉ được xác định bởi độ uốn cong của vũ trụ, nên một bức tranh đơn giản của cái "bề mặt trải rộng cuối cùng" có thể cho chúng ta thấy hình học trên quy mô lớn của không-thời-gian.

BOOMERANG

Thí nghiệm đầu tiên để cố thử một quan sát như thế là một thí nghiệm phóng khinh khí cầu từ mặt đất ở Nam Cực (Antarctica) vào năm 1997 mang tên *BOOMERANG*. Trong khi nhóm chữ tắt tượng trưng cho *B*alloon *O*bservations of *M*illimetric *E*xtragalactic *R*adiation and *G*eophysics (xin tạm dịch là Quan sát Khinh khí cầu về Bức xạ có kích thước hàng *millimét* bên ngoài Dải Ngân Hà và Vật lý Địa cầu), lý do đích thực thí nghiệm được mang tên nầy thì đơn giản hơn. Một máy đo bức xạ vi ba được gắn theo một khí cầu đặt ở cao độ như hình bên dưới.

Khí cầu sau đó đi vòng quanh thế giới, điều dễ thực hiện ở Nam Cực. Thực sự, tại Bắc Cực mới dễ thực hiện việc đó, vì bạn có thể đi theo một vòng tròn. Tuy nhiên, từ trạm McMurdo, cuộc du hành hình tròn chung quanh lục địa nhờ gió bắc cực kéo dài hai tuần, sau đó khí cầu quay trở lại điểm xuất phát, do đó mới gọi là *BOOMERANG*.

Chương III: Buổi Đầu của Thời Gian

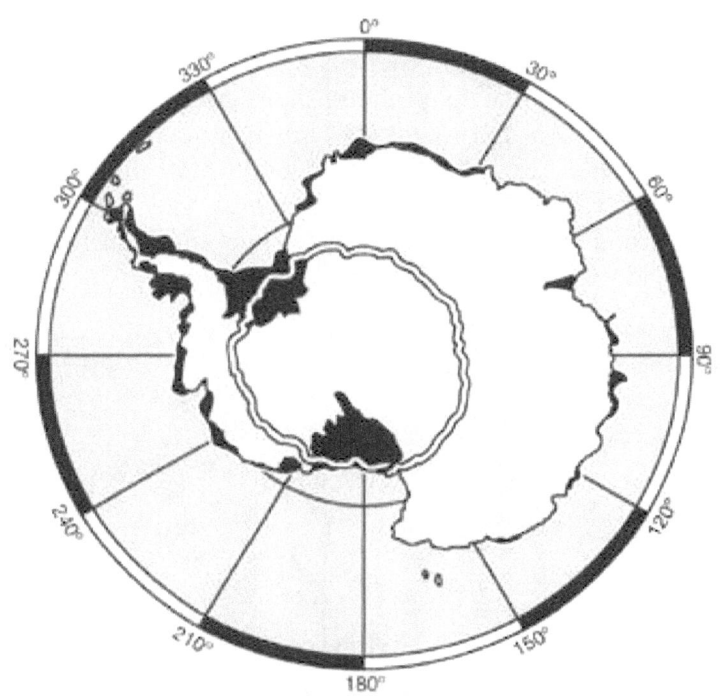

Boomerang path around Antarctica.

Mục đích của cuộc du hành bằng khí cầu rất đơn giản. Để có một cái nhìn về bức xạ nền vi ba, vốn phản ảnh một nhiệt độ 3 độ *Kelvin* trên không độ tuyệt đối, không bị ảnh hưởng bởi vật thể nóng ở xa đối với trái đất - ngay cả tại Nam Cực, những nhiệt độ vẫn cao hơn 200 độ so với nhiệt độ của bức xạ nền vi ba - chúng ta phải đi càng xa càng tốt bên trên mặt đất, và thậm chí lên trên hầu hết bầu khí quyển của trái đất. Lý tưởng nhất là chúng ta xử dụng những vệ tinh cho mục tiêu nầy, nhưng những khí cầu cao độ có thể làm được phần lớn công việc với số tốn phí ít hơn.

77

Trường hợp nào đi nữa, sau hai tuần, *BOOMERANG* đã đưa về một hình ảnh của một phần nhỏ của bầu trời vi ba (microwave sky) cho thấy những điểm nóng và lạnh trong biểu mẫu bức xạ đến từ bề mặt trải rộng cuối cùng. Bên dưới là một hình ảnh của vùng mà thí nghiệm *BOOMERANG* (với những "điểm nóng" và "điểm lạnh" được tô màu đậm và nhạt theo thứ tự), đã quan sát là trùng hợp với hình gốc của thí nghiệm.

Hhình nầy phục vụ hai mục đích. Thứ nhất, nó cho thấy quy mô vật lý thực sự của những điểm nóng và điểm lạnh như được *BOOMERANG* nhìn thấy trên bầu trời, với những hình ảnh ở tiền cảnh để đối chiếu. Nhưng nó cũng minh họa một phương diện quan trọng khác của những gì chỉ có thể được gọi là sự thiển cận của chúng ta về vũ trụ. Khi nhìn lên trời trong một ngày nắng, chúng ta thấy một bầu trời xanh, như trong hình trước đây của khí cầu. Nhưng đây là vì chúng ta đã tiến hóa nên nhìn thấy ánh sáng hiển thị. Chúng ta chắc chắn đã làm thế vừa vì ánh sáng từ bề mặt của mặt trời chỉ vào vùng hiển thị vừa vì nhiều độ dài sóng khác của ánh sáng bị hấp thụ trong bầu khí quyển của chúng ta, do đó chúng không thể đến được chúng ta trên mặt đất. (Đây là điều may cho chúng ta, vì đa số bức xạ nầy có thể nguy hiểm.) Trường hợp nào đi nữa, nếu ngược lại chúng ta đã tiến hóa và "nhìn thấy" bức xạ vi ba thì hình ảnh của bầu trời mà chúng ta có thể thấy ngày cũng như đêm, bao lâu chúng ta không nhìn thẳng vào mặt trời, sẽ đưa chúng ta trực tiếp ngược về một hình ảnh của bề mặt trải rộng cuối cùng, hơn 13 tỉ năm ánh sáng. Đây là "hình ảnh" được máy thám sát *BOOMERANG* gởi về.

Ánh sáng đầu tiên của *BOOMERANG,* vốn tạo ra hình ảnh nầy, là cực kỳ may mắn. Nam Cực là một môi trường đầy ác cảm, không tiên liệu được. Trong một phi vụ sau nầy vào năm 2003, toàn bộ công trình thí nghiệm gần như bị mất do một trục trặc của khí cầu và cơn bão tiếp theo sau. Một quyết định vào phút chót tách rời khí cầu trước khi nó bị thổi đến một vị trí không thể tiếp cận nào đó đã cứu được công trình và một toán tìm kiếm và cấp cứu đã định vị được trọng tải của công trình trên bình nguyên Nam Cực và tìm lại được con tàu được bảo đảm áp suất có chứa dữ kiện khoa học.

Chương III: Buổi Đầu của Thời Gian

Trước khi diễn dịch hình ảnh của *BOOMERANG*, Krauss muốn nhấn mạnh một lần nữa rằng kích thước vật lý thực sự của những điểm nóng và những điểm lạnh được ghi lại trên hình ảnh của *BOOMERANG* được thiết định bởi vật lý đơn giản đi liền với bề mặt trải rộng cuối cùng, trong khi những kích thước được đo lường của những điểm nóng và những điểm lạnh trong hình ảnh được lấy ra từ hình học của vũ trụ. Một loại suy đơn giản hai chiều có thể giúp giải thích xa hơn kết quả: Trong hai chiều, một hình học đóng kín (closed geometry) trông giống bề mặt của một yên ngựa (saddle). Nếu vẽ một hình tam giác trên những bề mặt nầy thì chúng ta thấy hệ quả đã được mô tả, vì những đường thẳng hội tụ (converge) vào một hình cầu, và *phân ly* (diverge) trên một yên ngựa, và đương nhiên, tiếp tục thẳng trên một mặt phẳng.

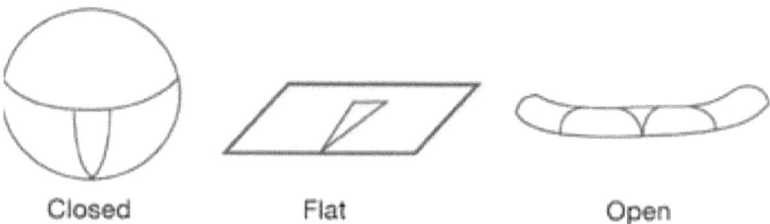

Closed　　　　Flat　　　　Open

Như thế câu hỏi đáng giá hàng triệu Mỹ Kim bây giờ là: Trong hình ảnh của *BOOMERANG*, những điểm nóng và những điểm lạnh lớn đến cỡ nào? Để trả lời câu hỏi nầy, công trình *BOOMERANG* đã chuẩn bị một số hình ảnh mô phỏng trên máy vi tính của những điểm nóng và những điểm lạnh như được nhìn thấy trong những vu trụ đóng kín, phẳng, và mở ra, và đối chiếu hình ảnh nầy với một hình ảnh màu giả khác của bầu trời vi ba thực sự.

Chương III: Buổi Đầu của Thời Gian

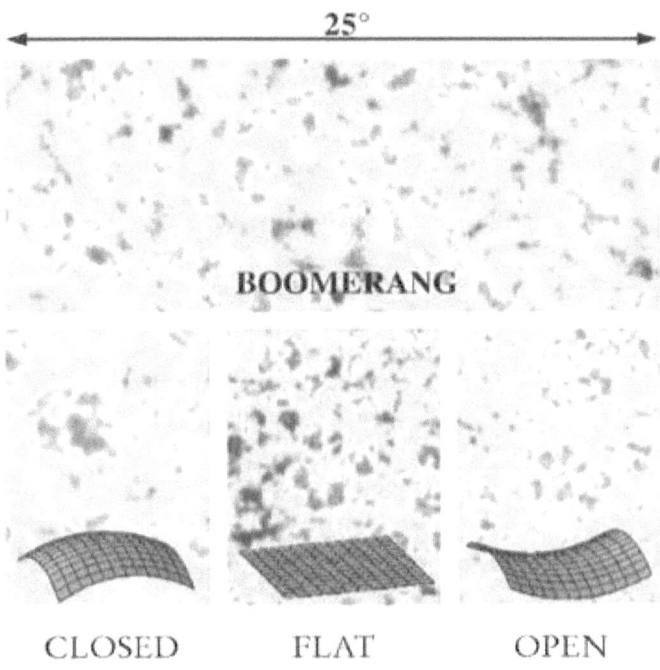

Nếu xem xét hình bên trái dưới, từ một vũ trụ đóng kín mô phỏng thì bạn sẽ thấy rằng những điểm sáng trung bình lớn hơn trong vũ trụ thực. Phía bên phải, kích thước của điểm trung bình thì nhỏ hơn. Nhưng, cũng như cái giường của *Baby Bear* trong *Goldilocks*, tấm hình ở giữa, vốn tương ứng với một vũ trụ phẳng mô phỏng, "quả đúng thôi (just right)". Vũ trụ đẹp theo nghĩa toán học mà các lý thuyết gia từng hy vọng có vẻ được kiểm chứng bằng quan sát, cho dù có vẻ rất mâu thuẫn với ước tính qua cách cân những quần thể thiên hà.

Thực vậy, hầu như khó nhận ra được sự phù hợp giữa những tiên đoán về một vũ trụ phẳng và hình ảnh lấy từ *BOOMERANG*. Khi xem xét những điểm và tìm kiếm những điểm lớn nhất đã từng có thời kỳ sụp đổ đáng kể vào bên trong vào thời kỳ được phản ảnh trong bề mặt trải rộng cuối cùng, toán *BOOMERANG* đã đưa ra hình bên dưới.

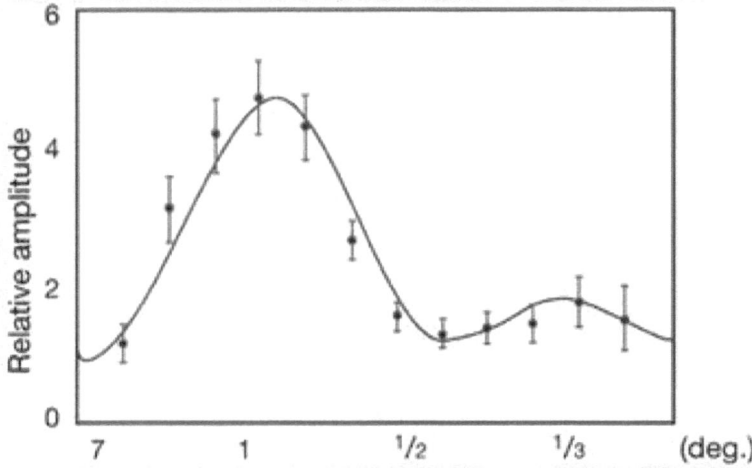

Dữ kiện là những điểm. Đường thẳng liên tục cho ra tiên đoán của một vũ trụ phẳng, với khối vật chất lớn nhất xảy ra gần một độ!

Wilkinson Microwave Anisotropy Probe

Từ khi thí nghiệm *BOOMERANG* phổ biến những kết quả của nó, một máy thám sát bằng vệ tinh có độ cảm ứng cao hơn về *CMBR* được *NASA* phóng đi - Wilkinson Microwave Anisotropy Probe (WMAP). *WMAP* được đặt tên theo vật lý gia David Wilkinson, một trong những vật lý gia đầu tiên của Princeton lý ra đã khám phá được *CMBR* nếu họ không bị phỏng tay trên bởi những khoa học gia của Bell Lab; và *WMAP* được phóng vào năm 2001. Nó được gởi đến một khoảng cách một triệu *miles* cách trái đất, phía bên kia của mặt trời, ở đó nó có thể thấy được bầu trời vi ba mà không bị ảnh hưởng của ánh sáng mặt trời. Trong thời gian 7 năm, nó đã thiết lập hình ảnh toàn bộ bầu trời vi ba với độ chính xác chưa từng có. (Nó chụp không những chỉ một phần của bầu trời như *BOOMERANG* đã làm, vì

BOOMERANG phải đối phó với dự hiện diện của trái đất bên dưới nó.)

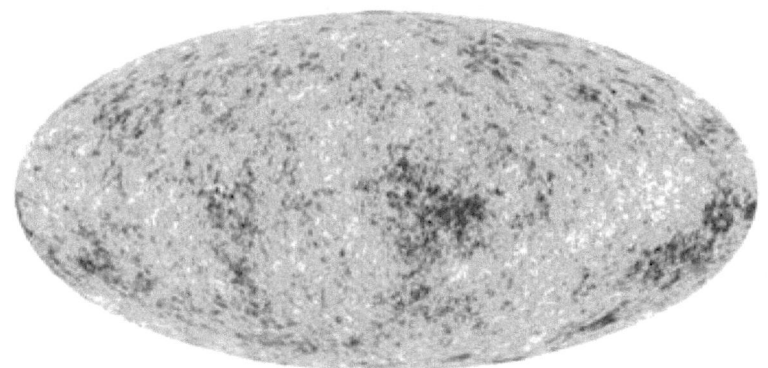

Đây là toàn bộ bầu trời được phóng lên trên một mặt phẳng, tương tự như bề mặt của một quả cầu có thể phóng lên trên một bản đồ phẳng. Mặt phẳng của thiên hà của chúng ta sẽ nằm dọc theo đường xích đạo, và 90 độ bên trên mặt phẳng của thiên hà của chúng ta là Bắc Cực trên bản đồ và 90 độ bên dưới mặt phẳng của thiên hà của chúng ta là Nam Cực. Tuy nhiên, hình ảnh của thiên hà đã được lấy ra khỏi bản đồ để phản ảnh thuần túy bức xạ đến từ bề mặt trải rộng cuối cùng.

Với loại dữ kiện tuyệt vời nầy một ước tính chính xác hơn nhiều có thể được thực hiện cho hình học của vũ trụ. Một đồ thị *WMAP* tương tự với đồ thị được trình bày cho hình ảnh của *BOOMERANG* khẳng định với độ chính xác 1% rằng chúng ta đang sống trong một vũ trụ phẳng! Những hy vọng của các lý thuyết gia là đúng. Nhưng một lần nữa, chúng ta không thể bỏ qua sự bất nhất hiển nhiên của kết quả nầy với kết quả được mô tả trong chương vừa rồi. Cân vũ trụ bằng các đo lường trọng khối của những thiên hà và những quần thể cho ra một trị số ba lần nhỏ hơn trị số cần có để cho ra một vũ trụ phẳng, Một cái gì đó phải xem xét.

Trong khi những lý thuyết gia có thể đã vỗ vai nhau khi ước đoán rằng vũ trụ là phẳng, thì hầu như không ai chuẩn bị cho sự bất ngờ mà thiên nhiên có trong kho để giải quyết những ước tính mâu thuẫn nhau của hình học của vũ trụ do việc đo lường trọng khối thay vì đo lường trực tiếp độ cong. Năng lượng thiếu vắng cần có để cho ra một vũ trụ phẳng hóa ra đang ẩn trốn ngay dưới mũi chúng ta, nói trắng ra là thế.

Chương IV
Chuyện không đâu

Ít tức là nhiều.
(Less is more)
—LUDWIG MIES VAN DER ROHE, theo ROBERT BROWNING

Tổng Quát

Một bước tới, hai bước lui, hay tương tự như vậy trong sự nghiên cứu của chúng tôi nhằm tình hiểu vũ trụ của chúng ta và cho nó một khuôn mặt chính xác. Những quan sát cuối cùng đã dứt khoát xác định độ cong của vũ trụ, và khi làm thế, đã xác minh những hoài nghi lý thuyết đã có từ lâu. Nhưng bỗng nhiên - mặc dù biết rằng mười lần số lượng vật chất như thế phải hiện hữu trong vũ trụ so với số lượng vật chất tính được của các *protons* và *neutrons* - ngay cả số lượng không lồ của vật thể đen (dark matter) đó (vốn bao gồm 30% những gì cần có để tạo ra một vũ trụ phẳng) cũng hoàn toàn không đủ để giải thích tất cả năng lượng trong vu trụ. Qua trực tiếp đo lường hình học của vũ trụ và nhờ khám phá tiếp theo cho thấy vũ trụ thực ra là phẳng, chúng ta mới hiểu được rằng 70% năng lượng của vũ trụ hãy còn thiếu, không phải trong hoặc chung quanh các thiên hà hay các chùm thiên hà!

Sự thể không hoàn toàn đáng ngạc nhiên như Krauss đã gây ra cảm tưởng như thế. Ngay cả những đo lường nầy về độ cong của vũ trụ và sự xác định về tổng trọng khối (mass) gộp lại bên trong nó có những dấu hiệu cho thấy rằng hình ảnh lý thuyết cũ về vũ trụ lúc bấy giờ - với đầy đủ vật chất đen (thực sự ba lần hơn như chúng ta biết bây giờ) để trải phẳng trong không gian - dứt khoát không phù hợp với những quan sát của chúng ta. Thực vậy, vào đầu năm 1995, cùng với một đồng nghiệp của Krauss là Michael Turner ở Đại Học Chicago, ông đã viết ra một tài liệu quái đản cho rằng hình ảnh quy ước đó không thể đúng; và thực sự khả thể duy nhất có vẻ vừa nhất quán với một vũ trụ phẳng (quan niệm lý thuyết thời đó) vừa với những quan sát về tụ họp của các thiên hà và năng động lực (dynamics) bên trong của chúng là một vũ trụ kỳ dị hơn nhiều và phù hợp trở lại với một ý tưởng lý thuyết điên rồ mà Albert Einstein đã có năm 1917 để giải quyết sự mâu thuẫn rõ ràng giữa những tiên đoán trong lý thuyết của ông và vũ trụ tĩnh (static) mà ông nghĩ chúng ta đang sống trong đó, một lý thuyết mà về sau ông đã hủy bỏ.

Như chúng ta biết, động cơ thời đó của chúng ta là nhằm chứng minh rằng có một cái gì đó sai trong quan niệm thịnh hành hơn là nhằm cho thấy một giải pháp dứt khoát cho vấn đề. Đề xuất có vẻ quá điên rồ nên khó tin được, do đó Krauss không nghĩ có ai ngạc nhiên hơn chúng tôi khi cuối cùng, ba năm sau, đề xuất quái đản của chúng tôi quả là giá trị!

Chúng ta hãy trở lại năm 1717. Xin nhớ rằng Einstein đã triển khai tổng thuyết tương đối (general relativity theory) và đã từng hồi hộp khi khám phá ra rằng ông có thể giải thích tiến động (precession) của điểm cận nhật (perihelion) của Thủy Tinh (Mercury), ngay cả khi ông phải đối diện với sự kiện là lý thuyết của ông không thể giải thích vũ trụ tĩnh mà ông nghĩ ông đang sống. Nếu ông có can đảm hơn với những nhận định của mình thì ông có thể đã tiên đoán được rằng vũ trụ không thể đứng yên một chỗ. Nhưng ông đã không can đảm hơn. Ngược lại, ông nhận thức rằng ông có thể thực hiện một thay đổi nhỏ trong lý thuyết của ông, một lý thuyết vốn hoàn toàn phù hợp với những luận cứ toán học vốn đã chủ yếu giúp ông phát triển tổng thuyết tương đối, và là một lý thuyết nghe giống như có thể cho phép một vũ trụ đứng yên.

Trong khi những chi tiết là phức tạp, cấu trúc chung của những phương trình của Einstein trong tổng thuyết tương đối lại tương đối dễ hiểu. Vế trái của những phương trình mô tả độ cong của vũ trụ, và đồng thời mô tả cường độ của trọng lực trên vật chất và bức xạ (radiation). Những lực nầy được xác định bởi trị số của vế phải của phương trình, vốn phản ảnh tổng tỉ trọng của mọi loại năng lượng và vật chất bên trong vũ trụ.

Einstein nhận thức rằng nếu đưa thêm một hằng số nhỏ vào vế trái của phương trình thì hằng số đó sẽ tượng trưng cho một ly lực (repulsive force) cố định bổ sung xuyên khắp không gian cùng với cường độ trọng lực tiêu chuẩn giữa những vật thể xa; trọng lực nầy giảm đi khi khoảng cách giữa những vật thể tăng lên. Nếu lực phụ nầy đủ nhỏ thì nó có thể được phát hiện bởi giác quan của con người hay thậm chí trên quy mô của Thái Dương Hệ, trong đó định luật về trọng lực của Newton được nhận định là đúng. Nhưng ông lập luận rằng, vì lực đó cố định khắp không gian nên nó có thể xây dựng trên quy mô của thiên hà của chúng ta và có thể đủ lớn để phản ứng với những lực hút giữa những vật thể rất xa. Như thế ông cho rằng điều nầy có thể đưa đến một vũ trụ tĩnh trên những quy mô lớn nhất.

Hằng số Vũ Trụ

Einstein gọi trị phụ nầy là *cosmological term* (trị vũ trụ). Tuy nhiên, vì nó chỉ là một hằng số bổ sung vào các phương trình, cho nên bây giờ người ta thường gọi trị nầy là *cosmological constant* (hằng số vũ trụ). Một khi ông đã nhìn nhận rằng vũ trụ thực sự đang bành trướng, Einstein hủy bỏ trị nầy và người ta nói ông đã gọi quyết định thêm nó vào những phương trình của ông là sự sai lầm lớn nhất.

Nhưng loại bỏ nó không phải chuyện dễ. Đó chẳng khác nào cho kem đánh răng vào lại sau khi đã nặn nó ra trên bàn chải. Đấy bởi vì ngày nay chúng ta có một bức tranh hoàn toàn khác về hằng số vũ trụ cho nên, nếu Einstein không thêm trị đó vào, thì một người khác cũng có thể đã làm thế trong giai đoạn giữa.

Chuyển trị số của Einstein từ vế trái sang về phải của những phương trình của ông là chuyện nhỏ đối với một nhà toán học nhưng là một bước khổng lồ đối với một vật lý gia. Trong khi toán học làm việc đó dễ dàng, một khi trị số đó đi qua vế phải, nơi bao gồm mọi trị số vốn góp phần cho năng lượng của vũ trụ, nó sẽ tượng trưng cho một cái gì hoàn toàn khác biệt trên quan điểm vật lý - nghĩa là một đóng góp mới cho tổng năng lượng. Nhưng loại nào có thể đóng góp một trị như thế?
Câu trả lời là: *nothing* (hư không).

Không gian trống

Khi nói *nothing*, Krauss không muốn nói cái gì khác ngoài chữ *nothing* - trong trường hợp nầy đó là cái khống khứ hay hư không (*nothingness*) mà chúng ta thường dùng để gọi không gian trống (empty space). Nghĩa là, nếu ông lấy một vùng không gian và gạt bỏ mọi thứ bên trong - như bụi, hơi, người ta, và ngay cả những bức xạ đi qua, tức là bất luận cái gì bên trong vùng đó - nếu không gian trống còn lại có trọng lượng bằng không, thì điều đó sẽ tương ứng với sự hiện hữu của một trị vũ trụ như Einstein đã phát minh.

Bây giờ, điều nầy khiến cho hằng số vũ trụ của Einstein có vẻ càng điên rồ hơn! Bất kỳ một học sinh lớp bốn nào cũng sẽ nói với bạn có bao nhiêu năng lượng được chứa trong hư không (nothing), mặc dù chúng không biết năng lượng là gì. Câu trả lời sẽ là *nothing*. Tiếc thay phần lớn những học sinh lớp bốn không biết cơ học lượng tử (quantum mechanics), cũng không biết thuyết tương đối. Khi đưa những kết quả của Đặc Thuyết Tương Đối (special theory of relativity) vào vũ trụ lượng tử, không gian trống trở thành xa lạ hơn trước. Xa lạ đến độ ngay cả những vật lý gia nào lần đầu khám phá và phân tích hiện tượng mới nầy cũng đều bỡ ngỡ khó tin được nó đã thực sự hiện hữu trong thế giới thực.

Người đầu tiên thành công đưa thuyết tương đối và cơ học lượng tử là Paul Dirac, vật lý gia lý thuyết xuất sắc ít nói người Anh, vốn tự mình đã đóng một vai trò dẫn đạo trong việc phát triển cơ học lượng tử như là một lý thuyết.

Cơ học lượng tử

Cơ học lượng tử được triển khai từ năm 1912 đến 1927, trước tiên nhờ vào công trình của Niels Bohr, vật lý gia xuất sắc và thần tượng người Đan Mạch, và các vật lý gia Erwin Schrödinger người Áo và Werner Heisenberg người Đức. Đầu tiên được đề xuất bởi Bohr và được sửa đổi bằng toán học bởi Schrödinger và Heisenberg, thế giới lượng tử thách thức mọi khái niệm vô nghĩa dựa trên kinh nghiệm của chúng ta với những vật thể trên quy mô con người. Trước tiên Bohr cho rằng những *electrons* trong các nguyên tử xoay chung quanh nhân nguyên tử trung ương (central nucleus), như các hành tinh xoay chung quanh mặt trời, nhưng chứng minh rằng những định luật quan sát được của các quang phổ nguyên tử (atomic spectra) - tần số của những ánh sáng phát ra bởi những yếu tố khác nhau - chỉ có thể hiểu được nếu, bằng cách nào đó, những *electrons* được khống chế để có được những quỹ đạo ổn định trong một tập hợp cố định những "trình độ lượng tử (quantum levels)" và không thể xoay tự do đến nhân nguyên tử. Chúng có thể di chuyển giữa những trình độ bằng cách chỉ hấp thụ hay phát ra những tần số riêng rẽ (discrete frequencies), hay lượng tử (*quanta*), của ánh sáng - chính những *quanta* mà Max Planck đã trước tiên đề xuất vào năm 1905 như một cách để hiểu những hình thức bức xạ do các vật thể nóng phát ra.

Tuy nhiên, những "định luật lượng tử hóa (quantization rules)" của Bohr đúng ra chỉ là bột phát. Năm 1920,

Schrödinger và Heisenberg đã chứng minh một cách độc lập rằng người ta có thể rút ra những định luật nầy từ những nguyên tắc thứ nhất nếu những *electrons* tuân theo những định luật của năng động học vốn khác với những nguyên tắc được áp dụng cho những vật thể vĩ mô (macroscopic objects) như những bóng chày. *Electrons* có thể hành xử giống như những sóng hay đơn tử, có vẻ trải rộng qua không gian (do đó mới có "chức năng sóng - wave function" của Schrödinger đối với *electrons*), và những kết quả đo lường của những thuộc tính của *electrons* được cho thấy chỉ đưa ra những xác định giả đoán, với những phối hợp của những thuộc tính khác không có thể đo lường chính xác cùng một lúc - do vậy mới có Nguyên Lý Bất Xác (Uncertainty Principle).

Dirac đã cho thấy rằng toán học do Heisenberg đề nghị để mô tả những hệ lượng tử có thể suy diễn được qua loại suy cẩn thận với những định luật quen thuộc về năng động lực của những vật thể vĩ mô. Hơn nữa, sau đó ông cũng có thể cho thấy rằng toán học của cơ học về sóng (mathematic wave mechanics) của Schrödinger cũng có thể được suy diễn và chính thức tương đương với phương thức của Heisenberg. Nhưng Dirac cũng biết rằng cơ học lượng tử của Bohr, Heisenberg và Schrödinger, cho dù xuất sắc đến đâu, cũng chỉ áp dụng cho những hệ thống trong đó những định luật Newton, chứ không phải thuyết tương đối của Einstein, lý ra đã là những định luật thích hợp chi phối những hệ thống cổ điển làm nền tảng cho những hệ lượng tử được thiết lập qua loại suy.

Dirac thích suy nghĩ theo toán học thay vì theo minh họa, và vì ông chuyển hướng sự chú ý của ông để làm cho cơ học lượng tử nhất quán với những định luật về tương đối của Einstein, ông bắt đầu thử với nhiều loại phương trình khác nhau. Những phương trình nầy bao gồm nhưng hệ thống toán học đa thành tố phức tạp (multi-component) cần có để chứng minh rằng những *electrons* có những "*spin*" - nghĩa là chúng quay vòng như những con vụ và có quán tính phương giác (angular momentum), và chúng cũng có thể quay theo chiều kim đồng hồ và ngược lại chung quanh bất cứ một trục nào.

Năm 1929, ông gặp thời. Phương trình Schrödinger đã mô tả chính xác và ngoạn mục hành xử của những *electrons* di chuyển theo vận tốc chậm hơn nhiều so với ánh sáng. Dirac tìm thấy rằng, nếu ông biến đổi phương trình của Schrödinger thành một phương trình phức tạp hơn với những dụng cụ gọi là ma trận (matrices) thì ông có thể thống nhất một cách nhất quán cơ học lượng tử với thuyết tương đối, và do đó, trên nguyên tắc, ông có thể mô tả cách hành xử của những hệ thống trong đó các *electrons* di chuyển với vận tốc nhanh hơn nhiều. (Xử dụng ma trận thực ra có nghĩa là phương trình của ông thực sự mô tả một tập hợp bốn phương trình liên kết khác nhau.)

Tuy nhiên, có một vấn đề. Dirac dã viết xuống một phương trình nhằm mô tả hành xử của các *electrons* khi chúng đối tác với những từ điện và từ trường (electric and magnetic fields). Nhưng phương trình của ông cũng có vẻ đòi hỏi sự hiện hữu của những đơn tử mới y hệt như *electrons* nhưng với tải điện nghịch (opposite electric charge). Thời đó, chỉ có một đơn tử căn bản (elementary particle) trong thiên nhiên được biết có tải điện nghịch với *electron* - proton. Nhưng *protons* hoàn toàn không giống như *electrons*. Trước hết, nó nặng hơn 2000 lần!

Dirac lúng túng. Trong một động thái tuyệt vọng, ông cho rằng những đơn tử mới thực sự là *protons*, nhưng, với một lý do nào đó, khi di chuyển qua không gian, những đối tác của *protons* có thể làm cho chúng hành xử giống như chúng nặng hơn thôi. Những người khác, kể cả Heisenberg, nhanh chóng cho thấy gợi ý đó của ông là vô lý.

Tải điện nghịch

Thiên nhiên có người nhanh chóng chạy đến tiếp cứu. Trong vòng hai năm mà Dirac đề nghị phương trình của ông, và một năm sau khi ông đúc kết và chấp nhận rằng, nếu công trình của ông đúng thì một đơn tử mới phải hiện hữu, các nhà thí nghiệm chuyên về những tia vũ trụ (cosmic rays) bắn vào trái đất đã khám phá ra bằng chứng của những đơn tử mới giống hệt những *electrons* nhưng có một tải điện nghịch, mệnh danh là *positrons*.

Dirac được biện minh, nhưng ông cũng thừa nhận sự thiếu tự tin trước kia của ông về lý thuyết của chính mình bằng cách sau đó nói rằng phương trình của ông đã tinh khôn hơn cả ông!

Bây giờ chúng ta gọi *positron* là "*antiparticle (phản đơn tử)*" của *electron*, vì chung quy khám phá của Dirac có giá trị mọi nơi. Chính cái vật lý vốn đòi hỏi một phản đơn tử để cho *electron* hiện hữu lại đòi hỏi một đơn tử như thế hiện hữu cho hầu hết mọi đơn tử căn bản trong thiên nhiên. *Protons*, chẳng hạn, có phản đơn tử anti*protons*. Ngay cả một số đơn tử trung hòa (neutral particles), như trung hòa tử (*neutrons*) cũng có phản đơn tử. Khi các đơn tử và phản đơn tử gặp nhau, chúng triệt tiêu lẫn nhau thành bức xạ thuần túy (pure radiation).

Phản vật chất

Trong khi tất cả những điều nầy có thể nghe có vẻ như khoa học giả tưởng, chúng ta thường xuyên tạo ra những phản đơn tử trong những máy tăng tốc đơn tử (particle accelerators) khắp thế giới. Vì những phản đơn tử lý ra có cùng những thuộc tính như các đơn tử, một thế giới của phản vật chất (antimatter) cũng hành xử giống như một thế giới vật chất, với những *phản tình nhân* (anitlovers) ngồi trong những chiếc *phản xe hơi* (anticars) làm tình dưới một *phản mặt trăng* (antiMoon). Sự kiện chúng ta sống trong vũ trụ bằng vất chất chứ không phải phản vật chất hay một thế giới với cả hai thứ chỉ là một ngẫu nhiên của hoàn cảnh, có lẽ do những yếu tố hơi sâu xa hơn mà chúng ta sẽ đề cập sau nầy. Krauss muốn nói rằng, trong khi phản vật chất có vẻ kỳ quặc, nó kỳ quặc theo nghĩa những người Bỉ kỳ quặc. Chúng không thực sự kỳ quặc; đó chỉ vì ít khi người ta gặp chúng thôi.

Sự hiện hữu của phản đơn tử biến thế giới hiển thị thành một thế giới hấp dẫn hơn nhiều, nhưng nó cũng khiến không gian trống (empty space) trở nên phức tạp hơn nhiều.

Vật lý gia huyền thoại Feynman là người đầu tiên cung ứng một nhận thức trực giác tại sao thuyết tương đối đòi hỏi sự hiện hữu của phản đơn tử; nhận thức đó cũng đưa ra một chứng minh đồ hình cho thấy không gian trống không hoàn toàn trống. Feynman thừa nhận rằng thuyết tương đối nói với chúng ta rằng những quan sát viên nào di chuyển với những vận tốc khác nhau đều đưa ra những đo lường khác nhau về những định lượng (quantities) như khoảng cách và thời gian. Ví dụ, thời gian sẽ có vẻ chậm lại đối với những vật thể đi rất nhanh. Nếu vì lý do gì đó, những vật thể có thể đi nhanh hơn ánh sáng thì chúng sẽ có vẻ đi ngược dòng thời gian, đây là một trong những lý do vận tốc ánh sáng thường được xem là giới hạn vận tốc vũ trụ (cosmic speed limit).

Tuy nhiên, nguyên lý chính của cơ học lượng tử là Nguyên Lý Bất Xác của Heisenberg, cho rằng, đối với một cặp định lượng nào đó như *positron* và phương tốc (velocity) của nó, không thể xác định những giá trị chính xác với một hệ thống nào đó tại cùng một thời điểm. Thay vì thế, nếu bạn đo lường một hệ thống trong một khoản thời gian cố định và hữu hạn thì bạn không thể xác định tổng năng lượng của nó một cách chính xác.

Tất cả điều nầy hàm ngụ rằng, đối với những khoản thời gian ngắn, ngắn đến độ không thể đo lường được vận tốc của chúng với độ chính xác cao, cơ học lượng tử cho phép giả định rằng những đơn tử nầy hành xử giống như chúng đang di chuyển nhanh hơn ánh sáng! Nhưng, nếu chúng di chuyển nhanh hơn ánh sáng, Einstein nói với chúng ta rằng chúng phải hành xử giống như chúng đang đi ngược dòng thời gian!

Đồ hình Feynman

Feynman khá bạo dạn khi xem xét khả thể có vẻ điên rồ nầy một cách nghiêm túc và thăm dò những hàm ngụ của nó. Ông vẽ ra đồ hình bên dưới liên quan đến một *electron* đang di chuyển chung quanh, thỉnh thoảng đi nhanh để vượt qua vận tốc ánh sáng vào đoạn giữa hành trình.

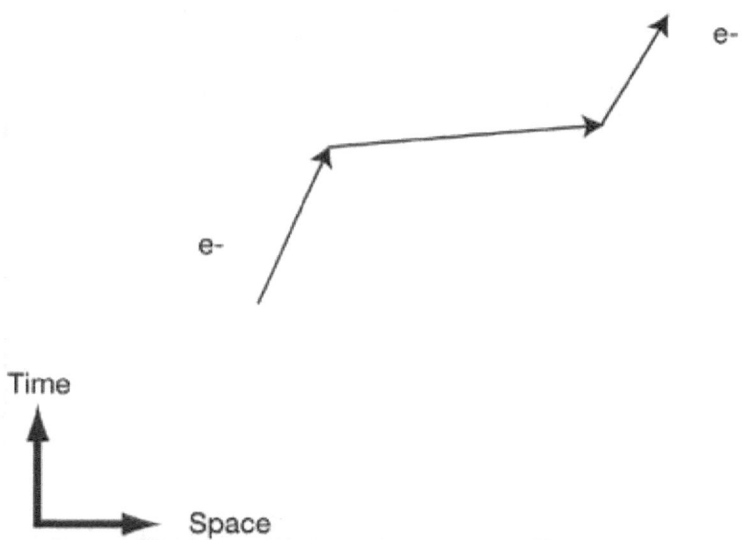

Ông thừa nhận rằng thuyết tương đối có thể nói với chúng ta rằng một quan sát viên khác ngược lại có thể đo lường một cái gì đó giống như trong hình vẽ bên dưới, với một *electron* đi xuôi chiều thời gian, sau đó đi ngược chiều, và xuôi chiều một lần nữa.

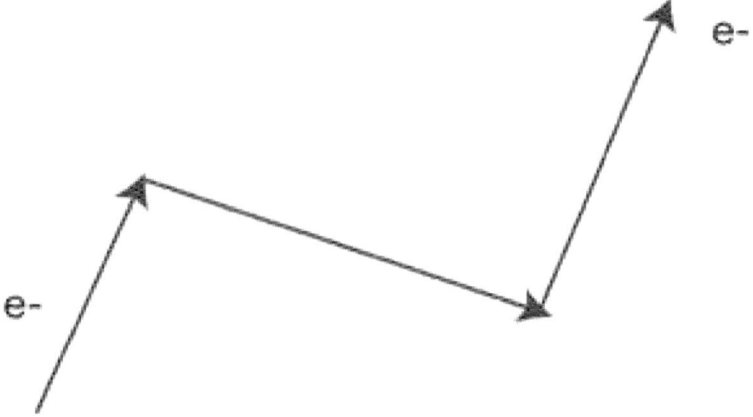

Tuy nhiên, về mặt toán học, một tải điện âm đi ngược dòng thời gian thì cũng tương tự như một tải điện dương đi theo chiều thời gian! Như thế, thuyết tương đối sẽ đòi hỏi sự hiện diện của những đơn tử có tải điện dương với cùng trọng khối và những thuộc tính khác như *electrons*.

Trong trường hợp nầy, người ta có thể diễn giải trở lại đồ hình thứ nhì của Feynman như sau: một *electron* lẻ loi đang di chuyển, và sau đó, tại một điểm khác trong không gian, một cặp *positron-electron* được tạo ra từ không khứ, và kế đó *positron* gặp *electron* lẻ loi và cả hai triệt tiêu lẫn nhau. Sau cùng chỉ còn lại một *electron* lẻ loi di chuyển mà thôi.

Chương IV: Chuyện Không Đâu

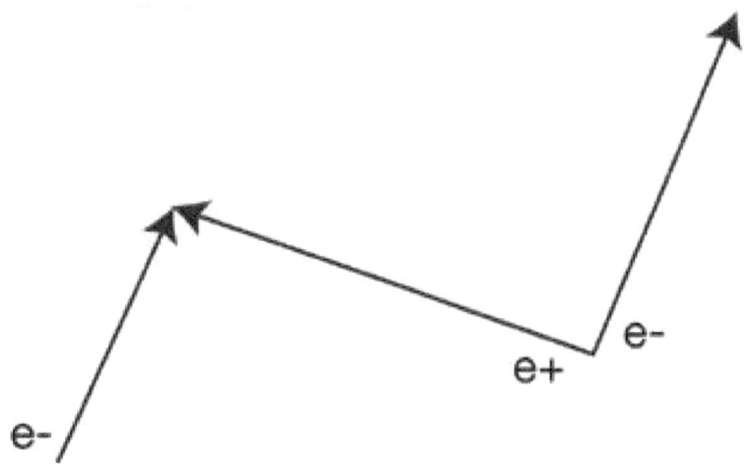

Nếu điều nầy không làm phiền bạn thì thử xem trường hợp sau đây: trong một lúc ngắn ngủi, cho dù bạn bắt đầu với chỉ một đơn tử lẻ loi, và chấm dứt cũng với một đơn tử lẻ loi, trong một khoảnh khắc ngắn ở giữa vẫn có ba đơn tử di chuyển chung quanh:

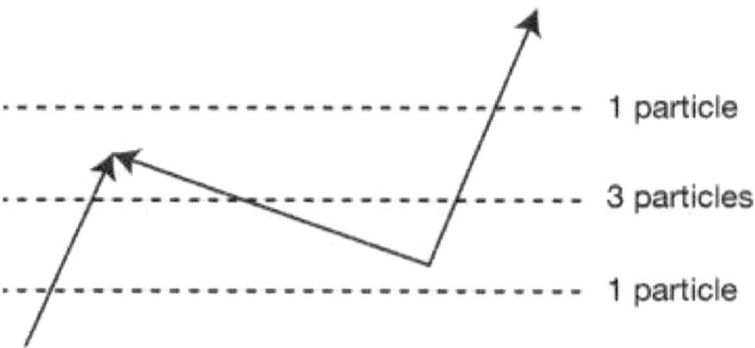

Trong khoảnh khắc ngắn ở giữa, ít nhất trong một lúc ngắn, một cái gì đó đã sinh ra từ hư không (nothing)! Feynman mô tả một cách ngoạn mục nghịch lý nầy trong tài liệu năm 1949 của ông, "*A Theory of Positron*" với một ẩn dụ thời chiến lý thú:

Chương IV: Chuyện Không Đâu

Đó chẳng khác nào một phi công dội bom đang theo dõi hướng trình duy nhất của một phi cơ bay thấp đi qua vùng dội bom bỗng thấy ba hướng trình và chỉ khi nào hai trong số ba hướng trình đó giao nhau và biến mất trở lại thì y mới nhận ra rằng y thực sự chỉ vừa đi qua một đường túi (switchback) trên một hướng trình duy nhất.

Bao lâu khoảnh khắc nầy trong đường túi đó còn ngắn đến độ chúng ta không thể trực tiếp đo lường tất cả những đơn tử, cơ học lượng tử và thuyết tương đối hàm ngụ rằng không những tình trạng quái đản nầy được cho phép mà còn tất yếu nữa. Những đơn tử nào xuất hiện và biến mất trong những khoảnh khắc quá ngắn không thể đo lường được đều được gọi là những đơn tử tiềm năng (*virtual particles*).

Bây giờ nếu phát minh một tập hợp mới của những đơn tử trong không gian trống mà bạn không thể đo lường thì nghe giống như đưa ra nhiều thiên thần ngồi trên đầu mũi kim. Và đó sẽ là một ý tưởng vô dụng nếu những đơn tử này không có những hệ quả nào khác có thể đo lường được. Tuy nhiên, trong khi chúng không thể được quan sát trực tiếp, ít ra những hệ quả gián tiếp của chúng cũng cho thấy phần lớn những đặc tính của vũ trụ mà chúng ta kinh qua ngày nay. Không những thế, người ta còn có thể tính toán được hệ lụy của những đơn tử nầy chính xác hơn là những tính toán khác trong khoa học.

Chẳng hạn, thử xem xét một nguyên tử *hydrogen* - hệ thống mà Bohr đã cố giải thích bằng cách triển khai lý thuyết lượng tử của ông và Schrödinger sau nầy cố mô tả bằng cách suy diễn phương trình nổi tiếng nhất của ông. Cái đẹp của cơ học lượng tử là nó có thể giải thích những màu đặc biệt của ánh sáng do *hydrogen* phát ra khi bị nung nóng vì cho rằng những *electrons* xoay chung quanh *proton* chỉ có thể có được trong những trình độ năng lượng riêng biệt (discrete energy levels), và khi nhảy qua giữa những trình độ chúng chỉ hấp thụ hay phát ra một tập hợp cố định những tần số ánh sáng. Phương trình Schrödinger cho phép người ta tính được những tần số được tiên liệu, và mang đến câu trả lời hầu như là đúng.

Nhưng không chính xác như thế. Khi quang phổ của *hydrogen* được quan sát cẩn thận hơn, người ta thấy nó phức tạp hơn so với những ước tính trước kia, với một số chia rẽ nhỏ bổ túc (additional small splittings) giữa những trình độ được quan sát, gọi là "cơ cấu tinh tế (fine structures)" của quang phổ. Trong khi những chia rẽ nầy đã được biết từ thời Bohr, và có lẽ người ta đã hồ nghi những hệ quả về luật tương đối có liên quan với chúng, cho đến khi có được một lý thuyết đầy đủ về tương đối, không ai có thể xác định sự hồ nghi đó. May thay, phương trình của Dirac đã thành công trong việc cải tiến những tiên đoán so với phương trình của Schrödinger và tái dựng cơ cấu chung của những quan sát, kể cả cơ cấu tinh tế.

Willis Lamb

Như thế là tạm ổn, nhưng vào tháng tư năm 1947, nhà khoa học thực nghiệm của Mỹ, Willis Lamb, và sinh viên của ông, Robert C. Retherford thực hiện một thí nghiệm lý ra có thể tỏ ra là hoàn toàn thiếu động cơ. Họ nhận thức rằng họ có khả năng kỹ thuật để đo lường cơ cấu trình độ năng lượng (energy-level structure) liên quan đến trình độ của những nguyên tử *hydrogen* với độ chính xác 1 phần 100 triệu.

Tại sao họ phải nhọc công? Bất kỳ khi nào những nhà thực nghiệm tìm ra một phương pháp mới để đo lường một cái gì với độ chính xác cao hơn nhiều so với trước kia, thì điều đó đủ làm động cơ cho họ đi tới. Toàn bộ những thế giới mới thường được hé ra trong tiến trình, như khi khoa học gia người Hoa Lan Antonie Philips van Leeuwenhoek vào năm 1676 lần đầu tiên dùng kính hiển vi để nhìn vào một

Chương IV: Chuyện Không Đâu

giọt nước trông có vẻ trống không và khám phá ra rằng nó chứa đầy sự sống. Tuy nhiên, trong trường hợp nầy, những nhà thực nghiệm có động cơ trực tiếp hơn. Cho đến thời kỳ có thí nghiệm của Lamb, độ chính xác về thí nghiệm bấy giờ không thể thí nghiệm tiên đoán của Dirac trong chi tiết. Phương trình của Dirac rõ ràng tiên đoán được cơ cấu tổng quát của những quan sát mới, nhưng câu hỏi then chốt mà Lamb muốn trả lời là: liệu nó có tiên đoán được một cách chi tiết hay không. Đây là cách duy nhất để thực sự trắc nghiệm lý thuyết. Và khi Lamb trắc nghiệm lý thuyết, nó dường như cho kết quả sai khoảng 100 phần trong một tỉ, quá cao đối với hiệu ứng của máy của ông.

Một chênh lệch như vậy với thí nghiệm có thể không có vẻ gì nhiều, nhưng những tiên đoán về những diễn dịch đơn giản nhất của lý thuyết Dirac thì nhất quán, cũng như chính thí nghiệm, và chúng khác nhau.

Trong vài năm tiếp theo, những đầu óc lý thuyết lớn nhất trong vật lý học đã nhảy vào sân đấu và cố giải quyết sự dị biệt. Câu trả lời đến được sau bao nhiêu công trình, và khi bụi lắng xuống, người ta mới nhận ra rằng phương trình của Dirac thực sự cho câu trả lời chính xác, nhưng chỉ với điều kiện là bạn phải đưa vào hệ quả của những đơn tử tiềm năng. Theo đồ hình, điều nầy có thể được hiểu như sau. Những nguyên tử *hydrogen* thường được minh họa trong các sách hóa học đại để giống như thế nầy, với một *proton* ở trung tâm và một *electron* vừa xoay chung quanh nó vừa nhảy giữa những trình độ khác nhau.

Chương IV: Chuyện Không Đâu

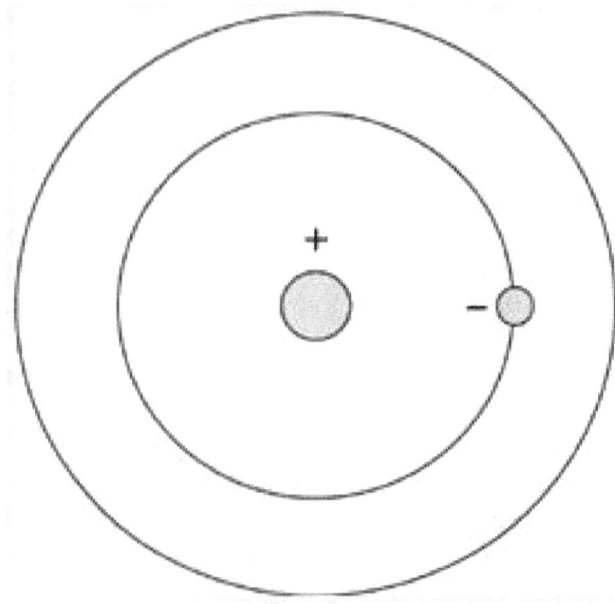

Tuy nhiên, một khi chúng ta cho phép khả thể những cặp *electron-positron* có thể bộc phát xuất hiện từ hư không trong chốc lát trước khi triệt tiêu lẫn nhau một lần nữa, trong bất kỳ một thời gian ngắn nào, nguyên tử *hydrogen* thực sự trông giống như thế nầy:

Chương IV: Chuyện Không Đâu

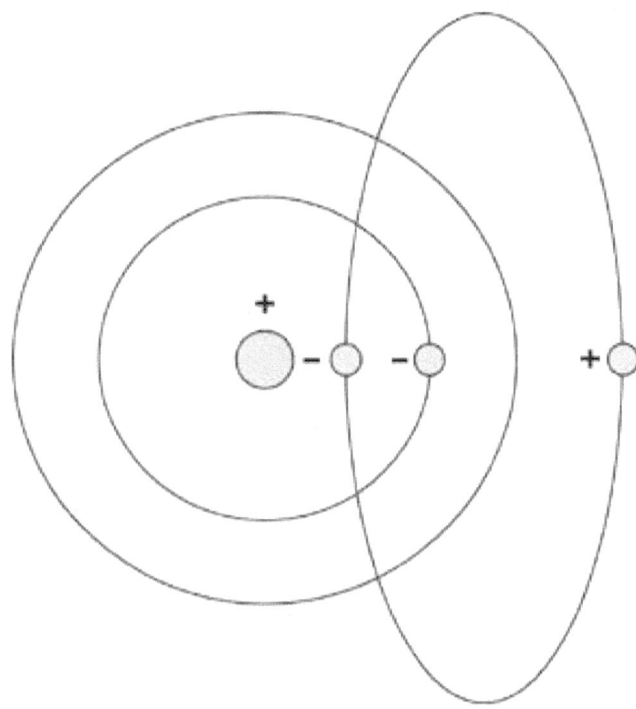

Ở bên phải của hình vẽ có một cặp như thế, sau đó chúng triệt tiêu tại phần trên. *Electron* tiềm năng, vì có âm điện, thích lơ lửng gần *proton*, trong khi *positron* thích ở cao hơn. Trường hợp nào đi nữa, hình vẽ rõ ràng cho thấy rằng sự phân phối tải điện thực sự trong một nguyên tử *hydrogen* không bao giờ được mô tả đơn thuần bằng một *electron* lẻ loi hay một *proton* lẻ loi.

Điều đáng chú ý là sau tất cả công trình khó nhọc của Feynman và những người khác, những vật lý gia chúng ta đã học được rằng chúng ta có thể xử dụng phương trình của Dirac để tính toán chính xác bao nhiêu cũng được hệ quả trên quang phổ của *hydrogen* của tất cả những đơn tử tiềm năng có thể có vốn có thể hiện hữu liên tục trong vùng lân cận. Và khi ta làm thế, chúng ta đạt đến sự tiên đoán tốt nhất, chính xác nhất trong khoa học. Tất cả những tiên đoán khoa học khác không thể sánh kịp. Trong thiên văn học, những quan sát gần đây nhất về bức xạ hậu cảnh vi ba vũ trụ (cosmic microwave background radiation) cho phép chúng ta so sánh với những tiên đoán lý thuyết với sai số khoảng 1 phần trong 100,000, một điều đáng chú ý. Tuy nhiên, khi xử dụng phương trình của Dirac và sự hiện hữu dự đoán của những đơn tử tiềm năng, chúng ta có thể tính toán được giá trị của những thông số nguyên tử và đối chiếu với những quan sát để có được sự thống nhất đáng kể với sai số khoảng 1 phần trong một tỉ hay khá hơn!

Đơn tử tiềm năng

Như thế, những đơn tử tiềm năng là có thực. Trong khi độ chính xác hi hữu đạt được trong vật lý nguyên tử khó có gì sánh bằng, vẫn có một nơi khác trong đó những đơn tử tiềm năng đóng một vai trò then chốt có thể thực sự liên quan nhiều hơn với vấn đề trọng tâm của cuốn sách nầy. Tựu trung chúng giúp giải thích phần lớn trọng khối của bạn, và trọng khối của mọi thứ hiển thị trong vũ trụ.

Một trong những thành công lớn của thập niên 1970 trong nhận thức căn bản của chúng ta về vật chất đến với sự khám phá của một lý thuyết vốn mô tả chính xác những đối tác của những vi lượng (*quarks*), tức những đơn tử tạo ra *protons* và *neutrons* vốn tượng trưng cho phần lớn những vật thể của mọi thứ mà bạn nhìn thấy. Toán học đi liền với lý thuyết đó tỏ ra phức tạp và phải mất vài thập niên trước khi kỹ thuật được triển khai để có thể giải quyết vấn đề, đặc biệt với chế độ trong đó đối tác mạnh giữa những *quarks* trở nên đáng kể. Người ta đã cố gắng vượt bực, kể cả việc xây dựng một số những náy điện toán với những chức năng xử lý song song phức tạp nhất có thể xử dụng cùng một lúc hàng chục ngàn bộ điều hành cá nhân (individual processors) để tính toán những thuộc tính căn bản của

Chương IV: Chuyện Không Đâu

protons và *neutron*, những đơn tử mà chúng ta thực sự đo lường.

Khi làm xong tất cả công trình nầy, bây giờ chúng ta có được một bức tranh của những gì nằm bên trong một *proton*. Có thể có ba *quarks* trong đó, nhưng cũng có nhiều thứ khác. Đặc biệt, những đơn tử tiềm năng nào phản ảnh những đơn tử và trường (fields) vốn truyền tải lực mạnh giữa những *quarks* đều lúc ẩn lúc hiện. Dưới đây là một sơ họa hình thái thực sự của vật thể. Đương nhiên đó không phải là một bức hình thực sự nhưng đúng hơn là một tác phẩm nghệ thuật về toán học vốn chi phối động năng của những *quarks* và những trường ràng buộc chúng lại. Những hình thù quái lạ và những bóng khác nhau phản ảnh sức mạnh của những trường đang đối tác với nhau và với những *quarks* bên trong *proton* như những đơn tử tiềm năng đột nhiên hiện ra và biến mất.

Proton thường đầy rẫy những đơn tử tiềm năn nầy và, thực tế, khi chúng ta cố ước tính chúng có thể đóng góp được bao nhiêu cho trọng khối của *proton*, chúng ta thấy rằng

Chương IV: Chuyện Không Đâu

những *quarks* tự chúng cung ứng rất ít cho tổng trọng khối và những trường được tạo ra bởi những đơn tử nầy đóng góp phần lớn năng lượng đi vào năng lượng tĩnh (rest energy) và trọng khối tĩnh (rest mass) của *proton*. Điều đó cũng đúng đối với *neutron*, và vì bạn được tạo ra bởi *protons* và *neutrons*, điều đó cũng đúng với bạn nữa!

Bây giờ, nếu chúng ta tính toán những hệ quả của những đơn tử tiềm năng trên không gian lý ra trống bên trong và chung quanh những nguyên tử, và nếu chúng ta có thể tính được những hệ quả của những đơn tử tiềm năng trên không gian lý ra trống bên trong những *protons* thì liệu chúng ta có thể tính được những hệ quả của nhưng đơn tử tiềm năng trên không gian thực sự trống hay không?

Không, tính toán nầy thực sự khó có thể làm được. Lý do là, khi chúng ta tính toán hệ quả của những đơn tử tiềm năng trên những nguyên tử hay trên trọng khối của *proton*, chúng ta thực sự tính toán tổng năng lượng của nguyên tử hay *proton* đang chứa đựng các đơn tử tiềm năng; sau đó, chúng ta tính tổng năng lượng mà những đơn tử tiềm năng có thể đóng góp mà không cần sự hiện diện của nguyên tử hay *proton* (nghĩa là trong không gian trống); và kế đó chúng ta trừ ra hai trị số để tìm được hệ quả ròng (net impact) trên nguyên tử hay *proton*. Chúng ta làm thế vì tựu trung mỗi năng lượng nầy đều dứt khoát vô hạn khi chúng ta cố giải những phương trình thích hợp, nhưng khi chúng ta trừ đi hai trị số, chúng ta chỉ đi đến một hiệu số hữu hạn (finite difference), và lại là một hiệu số chính xác phù hợp với giá trị đã đo lường!

Tuy nhiên, nếu chúng ta muốn tính toán hệ quả của những đơn tử tiềm năng trên không gian trống mà thôi thì chúng ta không có gì để trừ, và như thế câu trả lời mà chúng ta có là vô hạn.

Tuy nhiên, vô hạn (infinity) không phải là một đại lượng dễ chịu (pleasant quantity), ít nhất trong lãnh vực vật lý, và chúng ta cố tránh nó nếu có thể được. Rõ ràng, năng lượng của không gian trống (hay bất kỳ cái gì khác) không thể vô hạn về mặt vật lý, do đó chúng ta phải tìm cách để tính toán và tìm ra câu trả lời hữu hạn (finite answer).

Nguồn gốc của vô hạn rất dễ mô tả. Khi chúng ta xem xét mọi đơn tử tiềm năng có thể xuất hiện, Nguyên Lý Bất Xác của Heisenberg - độ bất xác trong năng lượng được đo lường của một hệ thống tỉ lệ nghịch với khoảng cách của thời gian quan sát - hàm ngụ rằng những đơn tử nào mang theo nhiều năng lượng hơn đều có thể xuất hiện bộc phát từ hư không nếu sau đó chúng biến mất trong khoảnh khắc thậm chí ngắn hơn. Trên nguyên tắc, như thế những đơn tử có thể mang theo năng lượng hầu như vô hạn nếu chúng biến mất trong những khoảnh khắc gần như cực tiểu (infinitesimally short times).

Tuy nhiên, theo sự hiểu biết của chúng ta, những định luật vật lý chỉ áp dụng cho những khoảng cách và thời gian lớn hơn một trị số nào đó, tương đương với quy mô trong đó những hệ quả của cơ học lượng tử phải được xem xét khi có hiểu được trọng lực (gravity) và những hệ quả liên kết trên không gian trống. Bao lâu chúng ta không có được một lý thuyết về "trọng lực lượng tử (quantum gravity)", chúng ta không thể tin tưởng những suy đoán vượt khỏi những giới hạn nầy.

Như thế, chúng ta có thể hy vọng rằng vật lý mới đi liền với trọng lực lượng tử, bằng cách nào đó, sẽ cắt đứt những hệ quả của các đơn tử tiềm năng chỉ hiện hữu trong thời gian ngắn hơn "thời-gian-Planck (Planck-time)." Nếu lúc đó chúng ta xem xét những hệ quả tích lũy của riêng những đơn tử tiềm năng có năng lượng bằng hoặc thấp hơn năng lượng được sự cắt đứt đó cho phép, thì chúng ta đi đến một ước tính hữu hạn cho năng lượng mà các đơn tử tiềm năng đóng góp cho hư không.

Nhưng có một vấn đề. Ước tính nầy tựu trung là vào khoảng
1,000,000,000,000,000,000,000,000,000,
000,000,000,000,000,000,000,000,000,
000,000,000,000,000,000,000,000,000,
000,000,000,000,000,000,000,000,000
lần lớn hơn năng lượng liên kết với tất cả vật chất được biết trong vũ trụ, kể cả năng lượng đen!

Nếu sự tính toán liên quan đến những khoảng cách trình độ năng lượng nguyên tử bao gồm các đơn tử tiềm năng là tính toán tốt nhất trong tất cả vật lý thí ước tính nầy của không gian năng lượng (energy space) - với độ lớn gấp 120 lần năng lượng của mọi thứ khác trong vũ trụ - dứt khoát là ước tính xấu nhất! Nếu năng lượng của không gian trống đại để lớn như thế thì ly lực (repulsive force) tạo ra sẽ đủ lớn để làm nổ trái đất ngày nay. (Xin nhớ rằng năng lượng của không gian trống tương ứng với một hằng số vũ trụ.) Nhưng điều quan trọng hơn là: ly lực đó có thể đã rất lớn trong buổi đầu nên mọi thứ mà chúng ta thấy ngày nay trong vũ trụ có thể đã bị ly tán ra rất nhanh ngay trong khoảnh khắc đầu tiên của một giây trong biến cố đại bùng nổ *Big Bang*, nhanh đến độ không một cơ cấu nào hay tinh tú nào, hành tinh nào, giống người nào đã có thể hình thành được.

Vấn đề hằng số vũ trụ

Vấn đề nầy, được gọi khá đúng là *Cosmological Constant Problem* (Vấn đề hằng số vũ trụ), đã được nghe đến từ lâu và được nhà vũ trụ học người Nga Yakov Zel'dovich minh thị hóa vào năm 1967. Vấn đề chưa được giải quyết và có lẽ là vấn đề sâu sắc nhất chưa được vật lý ngày nay giải quyết. Bất chấp sự kiện chúng ta đã không có được ý tưởng

Chương IV: Chuyện Không Đâu

nên giải quyết vấn đề ra sao trong hơn 40 năm, những vật lý gia lý thuyết chúng ta đã biết rằng câu trả lời phải là gì. Cũng như một học sinh lớp bốn mà tôi nghĩ sẽ đoán rằng năng lượng của không gian trống là *zero*, chúng ta cũng cảm thấy rằng, khi một lý thuyết tối hậu được đưa ra, nó sẽ giải thích làm thế nào những hệ quả của những đơn tử tiềm năng có thể triệt tiêu, để lại không gian trống với năng lượng chính xác bằng không. Hay hư không (nothing).

Suy luận của chúng ta tốt hơn là của học sinh lớp bốn, hay theo chúng ta nghĩ là thế. Chúng ta đã phải giản lược độ lớn của năng lượng trong không gian trống từ giá trị thực sự khổng lồ theo ước tính ngây thơ đến một giá trị phù hợp với những giới hạn cao nhất dựa trên quan sát. Điều nầy sẽ đòi hỏi một cách thức nào đó để trừ đi một trị số dương rất lớn khỏi một trị số dương khác cũng rất lớn đến độ cả hai đều triệt tiêu thành một trị với hàng thập phân 120, để lại một trị khác không (*non-zero*) nào đó tại vị trí thập phân thứ 121! Nhưng không có tiền lệ nào trong khoa học cho thấy hai trị số lớn triệt tiêu với độ chính xác như thế, chỉ để chừa lại một trị vô cùng nhỏ.

Tuy nhiên, *zero* là một trị dễ có được. Những đối xứng (symmetries) của thiên nhiên thường cho phép chúng ta chứng minh rằng có những đóng góp tương phản và chính xác bằng nhau đến từ những phần khác nhau của bài toán, triệt tiêu hẳn, dứt khoát không để lại một cái gì cả. Hay, một lần nữa, Nothing (Hư không).

Như thế, những lý thuyết gia chúng ta có thể ngủ yên trong đêm. Chúng ta đã không biết làm cách nào đến đó, nhưng chúng ta chắc chắn câu trả lời tối hậu phải là gì. Tuy nhiên, thiên nhiên có một cái gì khác hơn trong đầu.

Chương V
Vũ trụ phân ly

Chỉ là rác rưởi nếu ngồi trong hiện tại mà suy nghĩ về nguồn gốc của sự sống; người ta cũng có thể suy nghĩ về nguồn gốc của vật chất.
- Charles Darwin

Tổng Quát

Những gì Krauss và Michael Turner đã bàn trong năm 1995 là hoàn toàn phản đạo. Dựa trên không gì hơn là một ít thiên kiến lý thuyết, họ đã giả định vũ trụ là phẳng. (Xin nhấn mạnh một lần nữa ở đây rằng một vũ trụ "phẳng" ba chiều là không phẳng giống như một cái bánh phẳng hai chiều, mà đúng hơn là một không gian ba chiều mà tất cả chúng ta hình dung theo trực giác, trong đó những tia sáng đi theo những đường thẳng. Điều nầy dứt khoát trái ngược với những không gian cong ba chiều rất khó hình dung, trong đó những tia sáng, vốn đi theo đường cong nền tảng của không gian, không đi theo những đường thẳng.) Như thế chúng ta đã suy đoán rằng tất cả những dữ kiện về vũ trụ bấy giờ chỉ phù hợp với một vũ trụ phẳng nếu khoảng 30% tổng năng lượng được chứa trong một hình thức nào đó của "vật thể đen (dark matter)" mà các quan sát dường như cho thấy là có mặt chung quanh các thiên hà và những chùm tinh tú (clusters). Nhưng lạ lùng hơn thế, 70% còn lại của tổng năng lượng trong vũ trụ được chứa đựng không phải trong bất kỳ hình thức vật chất nào mà đúng hơn trong chính không gian trống.

Ý tưởng của chúng ta tuyệt đối điên rồ. Muốn đạt được một trị số cho hằng số vũ trụ phù hợp với tuyên bố của chúng ta, trị số ước tính cho đại lượng nầy theo mô tả trong chương vừa qua sẽ phải được giản lược khoản 120 đơn vị độ lớn và vẫn chưa phải chính xác là *zero*. Điều nầy sẽ đòi hỏi hiệu chỉnh vô cùng khắt khe bất kỳ đại lượng vật lý nào trong thiên nhiên; nhưng hiệu chỉnh thế nào thì chưa biết.

Đây là một trong những lý do, khi thuyết trình tại các đại học về nan đề của một vũ trụ phẳng, Krauss khiến người ta mỉm cười - và bây giờ thì hết rồi. Ông không nghĩ nhiều người xem trọng ý kiến của ông, và ông thậm chí không chắc Turner và ông cũng xem trọng. Điều khiến mọi người ngạc nhiên trước tài liệu của họ là minh họa một sự kiện đã bắt đầu xuất hiện trong số họ cũng như trong một số nhà lý thuyết đồng nghiệp của họ khắp thế giới: một cái gì có vẻ sai với bức tranh bấy giờ được xem là "tiêu chuẩn" của vũ trụ, trong đó phần lớn năng lượng cần thiết để tổng thuyết tương đối cho ra một vũ trụ phẳng ngày nay đều giả định nằm trong vật thể đen ngoại lai (exotic dark matter). Mới đây một đồng nghiệp đã lưu ý Krauss rằng, suốt hai năm theo sau đề xuất khiêm tốn của họ, nó chỉ được tham chiếu một vài lần trong các tài liệu theo sau đó, và dường như trong số đó không có gì khác ngoài một hay hai tài liệu do ông hay Turner viết! Dù vũ trụ quá ư khó hiểu, phần lớn trong cộng đồng khoa học đều tin rằng nó không thể quái đản như ông và Turner nói.

Vũ trụ mở

Lối thoát thay thế đơn giản nhất cho những mâu thuẫn là giả định rằng vũ trụ không phẳng mà mở (open), trong đó những tia sáng song song ngày nay có thể rẽ vòng nhau ra nếu chúng ta nhìn ngược chiều hướng trình của chúng. Điều nầy đương nhiên đã xảy ra trước khi những đo lường về hậu cảnh vi ba vũ trụ (cosmic microwave background) chứng minh lựa chọn nầy không thể được. Tuy nhiên, ngay cả khả thể nầy cũng có những vấn đề của chính nó, mặc dù tình trạng ở đó hãy còn lâu mới sáng sủa được.

Bất kỳ một học sinh trung học nào khi học vật lý đều thích thú nói với bạn rằng trọng lực (gravity) là sức hút - nghĩa là, lực hút tổng thể. Đương nhiên, cũng như nhiều thứ trong khoa học, bây giờ chúng ta nhìn nhận rằng chúng ta phải nói rộng những chân trời của chúng ta vì thiên nhiên có thể được tưởng tượng theo nhiều cách hơn chúng ta tưởng. Nếu lúc nầy chúng ta giả định rằng bản chất hút (attractive nature) của trọng lực (gravity) hàm ngụ rằng sự bành trướng của vũ trụ đã và đang chậm lại; xin nhớ rằng chúng ta đạt được một giới hạn thượng biên của tuổi vũ trụ bằng cách giả định rằng phương tốc (velocity) của một thiên hà tại một nơi nào đó cách xa chúng ta đã trở nên cố định từ thời *Big Bang*. Đây bởi vì, nếu vũ trụ đã giảm tốc thì thiên hà có lúc đã di chuyển ra xa chúng ta hơn bây giờ, và do đó nó có thể đã cần ít thời gian hơn để đi đến vị trí hiện nay so với trường hợp phải đi theo vận tốc chậm hơn hiện nay. Trong một vũ trụ mở do vật chất khống chế, sự giảm tốc của vũ trụ sẽ chậm hơn trong một vũ trụ phẳng, và do đó tuổi suy đoán của vũ trụ sẽ lớn hơn so với một vũ trụ do vật chất khống chế, đối với cùng nhịp độ bành trướng được đo lường. Tuổi đó thực sự sẽ gần hơn nhiều với trị số mà chúng ta ước đoán bằng cách giả định một nhịp độ bành trướng cố định qua thời gian vũ trụ.

Hằng số Hubble

Xin nhớ rằng một năng lượng khác không (non-zero energy) của không gia trống sẽ cho ra một hằng số vũ trụ - như ly lực (repulsive force) - hàm ngụ rằng sự bành trướng của vũ trụ ngược lại sẽ đi nhanh qua thời gian vũ trụ, và do đó những thiên hà trước kia có thể đã tách nhau ra chậm hơn bây giờ. Điều nầy có thể hàm ngụ rằng nó có thể đã phải mất nhiều năm hơn để đạt đến khoảng cách hiện nay so với độ bành trướng cố định. Thực vậy, đối với một đo lường cụ thể nào đó của hằng số Hubble (Hubble constant) ngày nay, tuổi thọ tối đa có thể có của vũ trụ chúng ta (khoảng 20 tỉ năm) được tính bằng cách đưa vào khả thể của một hằng số vũ trụ bên cạnh số lượng được đo lường của vật thể đen, nếu chúng ta được tự do điều chỉnh trị số của nó cùng với tỉ trọng của vật chất trong vũ trụ ngày nay. Năm 1996, Krauss đã làm việc với Brian Chaboyer và những cộng tác viên của họ ở Yale để đặt ra một giới hạn thấp hơn cho tuổi của những tinh tú nầy vào khoảng 12 tỉ năm. Họ đã làm thế bằng cách lập mô hình tiến hóa của hàng triệu tinh tú khác nhau trên những máy vi tính cao tốc và so sánh những màu sắc và độ sáng của chúng với những tinh tú thực được quan sát trong những chùm sao hình cầu trong thiên hà của chúng ta, vốn từ lâu được nghĩ là những thiên thể già nhất trong thiên hà. Giả sử phải mất khoảng một tỉ năm để thiên hà của chúng ta hình thành, giới hạn thấp hơn đó thực sự loại bỏ một vũ trụ phẳng do vật chất khống chế và hỗ trợ một vũ trụ với một hằng số vũ trụ, trong khi một vũ trụ mở lấp ló như một khả thể.

Tuy nhiên, tuổi của những tinh tú già nhất đòi hỏi những luận đoán dựa trên những quan sát với độ cảm ứng (sensitivity) thời đó và, vào năm 1997, những dữ kiện quan sát đã buộc chúng ta phải giảm bớt những ước tính của chúng ta xuống còn khoảng 2 tỉ năm, đưa đến một vũ trụ tương đối trẻ hơn. Như thế tình trạng trở nên tăm tối hơn, và cả ba hình thức vũ trụ học một lần nữa tỏ ra đều đúng, đưa nhiều người trong chúng ta trở lại bảng vẽ ban đầu.

Tất cả điều nầy đã thay đổi vào năm 1998, ngẫu nhiên trùng hợp với năm mà thí nghiệm *BOOMERANG* chứng minh vũ trụ là phẳng.

Trong khoảng thời gian 7 năm từ khi Edwin Hubble đo lường nhịp độ bành trướng của vũ trụ, các nhà thiên văn đã làm việc ráo riết hơn để xác định trị số của nó. Xin nhớ rằng trong thập niên 1990, cuối cùng họ đã tìm ra một "cây đèn cầy tiêu chuẩn (Standard candle)" - nghĩa là, một vật thể với độ sáng nội tại (intrinsic luminosity) mà các quan sát viên cảm thấy có thể đoan chắc một cách độc lập, sao cho, khi đã đo được độ sáng ngoại tại của nó, họ có thể suy đoán khoảng cách của nó. Cây đèn cầy tiêu chuẩn có vẻ tin tưởng được và là một vật thể có thể được quan sát xuyên qua những chiều sâu của không gian và thời gian.

Type Ia High-Z

Một loại sao phát nổ gọi là *Type Ia High-Z* được chứng minh gần đây cho thấy một liên quan giữa độ sáng và tuổi thọ. Đo lường thời gian phát sáng của một *Type Ia High-Z*, lần đầu tiên, đòi hỏi phải xem xét những hệ quả của giãn nở thời gian (time dilation effects) do vũ trụ bành trướng, hàm ngụ rằng tuổi thọ được đo lường của một *High-Z* như thế thực sự dài hơn tuổi thọ thực sự của nó trong môi trường tĩnh của nó (rest frame). Tuy nhiên, chúng ta có thể suy diễn độ sáng tuyệt đối (absolute brightness) và đo lường độ sáng hiển thị (apparent brightness) với những viễn vọng kính và xác định lần cuối khoảng cách đến thiên hà chủ trong đó *High-Z* đã phát nổ. Đo lường hiện tượng chuyển đỏ (redshift) của thiên hà tại cùng thời điểm cho phép chúng ta xác định phương tốc. Phối hợp cả hai sẽ cho phép chúng ta đo lường nhịp độ bành trướng của vũ trụ mỗi ngày một chính xác hơn.

Vì *High-Z* quá sáng, chúng không những cung ứng một dụng cụ tốt để đo lường hằng số Hubble mà còn cho phép những quan sát viên nhìn ngược về những khoảng cách tượng trưng cho một phần ý nghĩa nào đó của tổng số tuổi vũ trụ. Điều này đưa ra một khả thể hấp dẫn mới mà những nhà quan sát xem như một nguồn hấp dẫn hơn nhiều: đo lường sự thay đổi của hằng số Hubble qua thời gian vũ trụ.

Chương V: Vũ Trụ Phân Ly

Đo lường sự thay đổi của một hằng số nghe có vẻ như một mâu thuẫn, và đúng thế nếu tuổi thọ của loài người chúng ta không quá ngắn ngủi, ít nhất so với tuổi vũ trụ. Thực vậy, trên khung tham chiếu thời gian của con người, nhịp độ bành trướng của vũ trụ là cố định. Nhưng nhịp độ bành trướng của vũ trụ sẽ thay đổi theo thời gian vũ trụ do những hệ quả của trọng lực.

Những nhà thiên văn học lý luận rằng, nếu có thể đo lường phương tốc và khoảng cách của *High-Z* ở xa - ở tận cùng vũ trụ hiển thị - thì họ có thể đo lường được nhịp độ mà sự bành trướng đó đi chậm lại. Họ hy vọng đến lược điều nầy sẽ cho thấy vũ trụ nở, đóng, hay phẳng, vì nhịp độ đi chậm lại là một hàm số của thời gian và khác nhau theo mỗi hình học (geometry).

Năm 1996, Krauss đã bỏ ra sáu tuần để đi thăm Phòng thí nghiệm Lawrence Berkeley Laboratory, thuyết trình về vũ trụ học và bàn thảo những dự án khoa học khác nhau với những đồng sự của ông ở đó. Ông đã nói chuyện về lời tuyên bố của họ cho rằng không gian trống có thể có năng lượng, và sau nầy, Saul Perlmutter, một vật lý gia trẻ từng ra sức theo dõi những *High-Z* ở xa, đến nói với Krauss, "Chúng tôi sẽ chứng minh là ông sai!"

Saul ám chỉ phương diện sau đây trong giả thuyết của họ về một vũ trụ phẳng, trong đó khoảng 70% năng lượng thuộc về không gian trống. Xin nhớ rằng những năng lượng như thế sẽ sinh ra một hằng số vũ trụ, đưa đến một ly lực có thể có mặt khắp không gian và khống chế sự bành trướng của vũ trụ, khiến tăng tốc chứ không giảm tốc sự bành trướng đó.

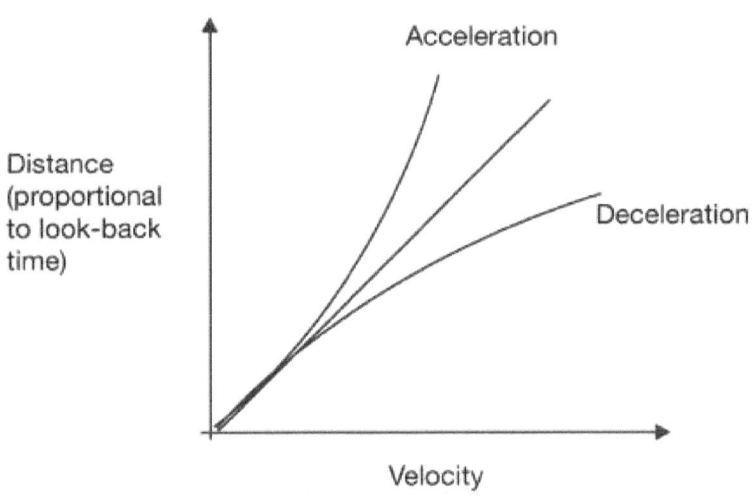

Dự Án High-Z Cosmology Project

Hai năm sau lần gặp gỡ của họ, Saul và những cộng tác viên của ông, một phần của một toán quốc tế mang tên là Dự Án *High-Z Cosmology Project*, xuất bản một tài liệu dựa trên những dữ kiện sơ khởi vốn thực sự chứng minh là họ sai. (Thực ra không cho rằng Krauss sai, vì, cùng với đa số những quan sát viên khác, thực sự họ không tin tưởng nhiều vào đề xuất của ông.) Những dữ kiện của họ cho thấy đường biểu diễn đi xuống trong đồ thị với hai trục khoảng cách và hiện tượng chuyển sang đỏ của quang phổ (distance-versus-redshift), và như thế một giới hạn thượng biên (upper limit) trên năng lượng của không gian trống phải ở dưới xa những gì cần có để làm ra một đóng góp đáng kể cho tổng năng lượng ngày nay.

Tuy nhiên, thông thường, những dữ kiện tìm thấy đầu tiên có thể không tiêu biểu cho mọi dữ kiện được - hoặc chỉ vì thống kê sai, hoặc vì những sai lầm bất ngờ của hệ thống vốn có thể ảnh hưởng dữ kiện, điều khó nhận ra cho đến khi bạn có một biểu mẫu lớn hơn nhiều. Đây là trường hợp của những dữ kiện mà dự án nói trên công bố. Do đó những kết luận không được đúng.

High-Z Supernova Search Team

Một dự án nghiên cứu quốc tế khác về *supernova* mệnh mang tên *High-Z Supernova Search Team*, do Brian Schmidt đứng đầu ở Núi Stromlo Observatory ở Úc, đã thực hiện một chương trình với cùng mục tiêu, và họ đã bắt đầu đạt được những kết quả khác nhau. Mới đây Brian nói với Krauss rằng, khi *High-Z Supernova* đạt được xác định đáng kể đầu tiên cho thấy một vũ trụ tăng tốc với năng lượng chân không đáng kể (significant vacuum energy), họ bị ngưng được phép xử dụng viễn vọng kính và được một tờ báo cho biết họ đã sai vì Dự Án *Supernova Cosmology Project* đã xác định rằng vũ trụ thực sự là phẳng và được vật chất khống chế.

Câu chuyện chi tiết nầy về sự cạnh tranh giữa hai nhóm có lẽ sẽ còn được diễn lại nhiều lần, đặc biệt sau khi họ chia nhau giải thưởng Nobel. Chỉ cần biết rằng, khoảng đầu năm 1998, nhóm của Schmidt xuất bản một tài liệu chứng minh vũ trụ có vẻ đang tăng tốc. Khoảng sáu tháng sau, nhóm của Perlmutter thông báo những kết quả tương tự và xuất bản một tài liệu xác nhận kết quả của *High-Z Supernova*, nghĩa là nhìn nhận sự sai lầm của họ trước kia và tạo thêm tin tưởng đối với một vũ trụ được khống chế bởi năng lượng của không gian trống hay năng lượng đen như ngày nay người ta thường gọi. Sự kiện những kết quả nầy được cộng đồng khoa học nhanh chóng chấp nhận - cho dù phải xét lại toàn bộ bức tranh được chấp nhận của vũ trụ - cung ứng một nghiên cứu hấp dẫn trong xã hội học khoa học (scientific sociology). Hầu như lập tức, có vẻ như mọi người đều chấp nhận những kết quả, cho dù, như Carl Sagan đã nhấn mạnh, "Những tuyên bố lạ thường đòi hỏi bằng chứng lạ thường."

Đây chắc chắn là một tuyên bố lạ thường chưa từng có. Krauss ngạc nhiên khi, vào tháng 12/1998, tập san *Science* gọi khám phá đó về vũ trụ tăng tốc là đột phá khoa học của năm, đưa ra một hình bìa với một bức họa Einstein ngơ ngác.

Krauss không ngạc nhiên vì ông nghĩ rằng kết quả đó không đáng đưa lên trang bìa. Ngược lại thì đúng hơn. Nếu đúng thì đó là một trong những khám phá quan trọng nhất của thời đại chúng ta, nhưng những dữ kiện thời đó chỉ có tính cách gợi ý mà thôi. Chúng đòi hỏi một thay đổi rất lớn trong bức tranh vu trụ, lớn đến độ ông cảm thấy rằng chúng ta nên hoàn toàn chắc chắn hơn rằng những nguyên nhân khả thể khác của những hệ quả mà hai toán đã quan sát được có thể dứt khoát bị loại bỏ trước khi bất kỳ ai nhảy vào lãnh vực hằng số vũ trụ. Như Krauss đã từng nói với một nhà báo thời đó, "Lần đầu tiên mà tôi không tin vào một hằng số vũ trụ chính là khi những quan sát viên tuyên bố khám phá ra nó."

Phản ứng đôi chút cười cợt của Krauss dường như hơi lạ, vì có thể cả thập niên ông đã từng cổ xúy khả thể đó dưới hình thức nầy hay hình thức khác. Vì là một lý thuyết gia, ông cảm thấy giả đoán đó là hay, đặc biệt nếu nó mở ra những hướng mới để thí nghiệm. Nhưng ông nghĩ cần phải bảo thủ tối đa khi xem xét những dữ kiện thực sự, có lẽ vì ông đã đạt được một mức độ chín chắn về mặt khoa học trong một giai đoạn mà quá nhiều tuyên bố mới hấp dẫn nhưng cám dỗ trong bộ môn vật lý đơn tử của chính ông hóa ra là giả tạo. Những khám phá đi từ lực thứ năm (fifth force) mới được tuyên bố trong thiên nhiên đến những đơn tử căn bản mới, đến giả định cho rằng toàn bộ vũ trụ của chúng ta đang xoay vòng, tất cả đã đến và đi một cách ồn ào. Ưu tư lớn nhất lúc bấy giờ liên quan đến sự khám phá được tuyên bố của một vũ trụ tăng tốc là: những *supernova* ở xa có thể có vẻ mờ hơn mong đợi, không phải vì một sự bành trướng tăng tốc, mà chỉ vì (a) chúng thực sự mờ hơn hoặc (b) có lẽ một số bụi thiên hà hay liên thiên hà (intergalactic dust) có mặt trong những thời kỳ sơ khai che khuất chúng một phần.

Bằng chứng tăng tốc

Tuy nhiên, trong thập niên ở giữa, người ta khám phá ra rằng cái bằng chứng về sự tăng tốc đã trở nên hùng hồn, hầu như không có thể chối cãi được nữa. Trước tiên, nhiều *Supernova* hơn được đo lường ở bên chuyển đỏ quang phổ Từ những *Supernova* nầy, một phân tích phối hợp của những *Supernova* của hai nhóm được thực hiện trong vòng một năm sau phiên bản ban đầu đã cho ra đồ thị dưới đây:

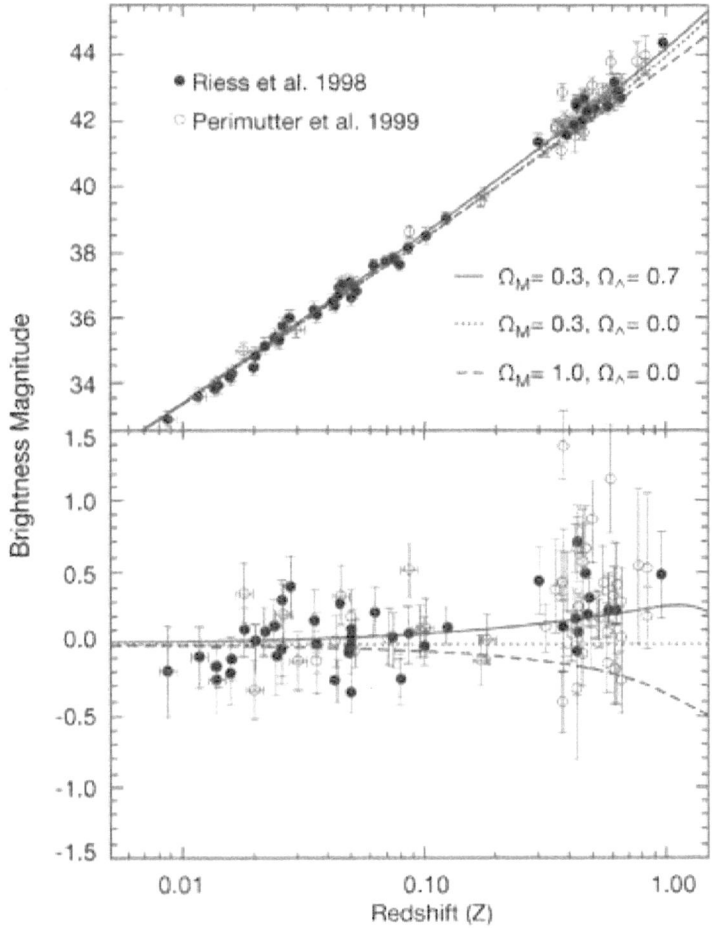

Để dễ nhìn thấy đường biểu diễn cho thấy sự tương quan giữa khoảng cách và mức chuyển đỏ quang phổ đi lên hay đi xuống, những quan sát viên đã vẽ một đường chấm thẳng trong nửa trên của đồ thị, đi từ góc trái dưới lên góc phải trên, xuyên qua những dữ kiện tượng trưng cho những *Supernova* lân cận. Độ dốc của đường biểu diễn cho chúng

Chương V: Vũ Trụ Phân Ly

ta thấy sự bành trướng ngày nay. Kế đó, phần dưới của đồ hình cho thấy một đường thẳng tương tự để dễ nhìn. Nếu vũ trụ giảm tốc như người ta ước đoán năm 1998 thì những *Supernova* ở xa với độ chuyển vị đỏ gần 1 sẽ rơi xuống bên dưới của đường thẳng. Nhưng chúng ta có thể thấy rằng phần lớn chúng đều ở bên trên đường thẳng. Điều nầy là do một trong hai nguyên nhân:

1. Những dữ kiện sai, hay
2. Sự bành trướng của vũ trụ đang tăng tốc.

Nếu bây giờ chúng ta chấp nhận lý do thứ nhì và hỏi, "Chúng ta sẽ đưa vào không gian trống bao nhiêu năng lượng để có được sự tăng tốc được quan sát?" thì câu trả lời sẽ rất đáng chú ý. Đường cong vẽ liền, vốn phản ảnh tốt nhất những dữ kiện, tương ứng với một vũ trụ phẳng, với 30% năng lượng trong vật chất và 70% trong không gian trống. Điều đó rõ ràng là những gì cần có để tạo ra một vũ trụ phẳng phù hợp với sự kiện chỉ có 30% trọng khối cần thiết hiện diện trong và chung quanh những thiên hà và chùm tinh tú. Người ta đã đạt được một tương hợp rõ ràng.

Tuy nhiên, vì lời tuyên bố cho rằng 99% vũ trụ là không hiển thị (1% vật chất hiển thị trong một đại dương của vật chất đen được vây quanh bởi năng lượng trong không gian trống) được xếp vào loại tuyên bố phi thường, nên chúng ta nên xem xét nghiêm chỉnh khả thể thứ nhất vừa đề cập bên trên: nghĩa là, các dữ kiện sai. Trong thập niên ở giữa, tất cả phần còn lại của những dữ kiện từ vũ trụ học đã tiếp tục củng cố bức tranh hòa hợp chung của một vũ trụ lố bịch, phẳng, trong đó năng lượng không chế nằm trong không gian trống và trong đó mọi thứ mà chúng ta có thể nhìn thấy chỉ tượng trưng không đến 1% tổng năng lượng, với vật chất mà chúng ta không thể nhìn thấy bao gồm phần lớn một số đơn tử căn bản mới chưa được biết đến.

Trước tiên, những dữ kiện mới về tiến hóa tinh tú đã cải tiến khi những tinh tú đã cung ứng cho chúng ta những thông tin về bao nhiêu phong phú trong các sao cũ. Nhờ những dữ kiện nầy mà Krauss và Chaboyer, đồng nghiệp của ông, có thể dứt khoát chứng minh năm 2005 rằng những bất xác trong những ước tính về tuổi vũ trụ dựa trên những dữ kiện nầy hiện nay đủ nhỏ để loại bỏ những tuổi thọ trẻ hơn 11 tỉ năm. Điều nầy không phù hợp với bất kỳ loại vũ trụ nào trong đó không gian trống chứa đựng một khối năng lượng đáng kể. Một lần nữa, vì chúng ta không chắc chắn năng lượng nầy là do một hằng số vũ trụ hay không nên hiện nay nó mang một cái tên đơn giản hơn là "năng lượng đen (dark energy)," tương tự như cái tên "vật thể đen (dark matter)" đang khống chế các thiên hà.

Năng lượng đen

Ước tính về tuổi vũ trụ đã được cải thiện nhiều trong khoảng năm 2006, khi những đo lường chính xác mới về hậu cảnh vi ba vũ trụ (cosmic microwave background) qua vệ tinh *WMAP* đã cho phép những quan sát viên đo lường chính xác thời gian từ *Big Bang*. Hiện chúng ta biết tuổi vũ trụ qua bốn chữ số chính (significant figures), đó là 13.72 tỉ năm! Có lẽ cả đời ông cũng không thể nào nghĩ ra được độ chính xác như thế. Nhưng hiện nay chúng ta có được nó, và chúng ta có thể xác định là không có cách gì vũ trụ với nhịp độ bành trướng được đo lường ngày nay có thể già đến thế nếu không có năng lượng đen, và đặc biệt, loại năng lượng đen chủ yếu hành xử như loại năng lượng được tượng trưng bởi một hằng số vũ trụ. Nói cách khác, đó là năng lượng có vẻ cố định qua thời gian.

Trong lần đột phá tiếp theo của khoa học, các nhà quan sát đã có thể đo lường chính xác làm thế nào, dưới hình thức những thiên hà, vật chất đã tụ họp vào nhau qua thời gian vũ trụ. Kết quả tùy vào nhịp độ bành trướng của vũ trụ, vì sức hút tác động trên những thiên hà phải cạnh tranh với sức bành trướng vũ trụ vốn đẩy vật chất ra xa nhau. Trị số năng lượng trong không gian trống càng lớn thì nó sẽ khống chế năng lượng của vũ trụ càng sớm, và nhịp độ bành trướng đang gia tăng càng sớm chấm dứt sự sụp đổ vật chất trên những quy mô lớn hơn do trọng lực. Do đó, nhờ đo lường lực tụ (gravitational clustering) các nhà quan sát đã có thể một lần nữa khẳng định rằng vũ trụ phẳng duy nhất phù hợp với cấu trúc trên quy mô lớn trong vũ trụ là một vũ trụ với khoảng 70% năng lượng đen và, một lần nữa, năng lượng đen hành xử ít nhiều giống như năng lượng được tượng trưng bởi một hằng số vũ trụ. Độc lập với những thăm dò gián tiếp nầy về lịch sử bành trướng của vũ trụ, các nhà quan sát *supernova* đã thử nghiệm rộng rãi những khả thể có thể cho thấy những sai lệch hệ thống trong phân tích của họ, kể cả khả thể của bụi gia tăng trong những khoảng cách lớn vốn làm cho những *supernova* trông mờ hơn, và loại bỏ dần những khả thể đó.

Một trong những thử nghiệm quan trọng nhất dính dáng đến truy cứu ngược thời gian. Vào thời khởi thủy của vũ trụ, khi những gì ngày nay là vùng có thể quan sát được trước kia lại nhỏ hơn nhiều về kích thước, tỉ trọng vật chất (matter density) lớn hơn nhiều. Tuy nhiên, tỉ trọng năng lượng của không gian trống vẫn không thay đổi theo thời gian nếu nó phản ảnh một hằng số vũ trụ - hay cái gì giống như thế. Do đó, khi vũ trụ nhỏ hơn phân nửa kích thước của nó ngày nay, tỉ trọng năng lượng của vật chất có thể đã vượt quá tỉ trọng năng lượng của không gian trống. Đối với mọi thời kỳ có trước thời kỳ nầy, vật chất, chứ không phải không gian trống, có thể đã sinh ra trọng lực khống chế sự bành trướng. Kết quả, vũ trụ có thể đã giảm tốc.

Jerk

Trong cơ học cổ điển, có một tên gọi dùng cho cái điểm tại đó một hệ thống thay đổi gia tốc của nó và, đặc biệt, đi từ giảm tốc đến tăng tốc. Tên gọi đó là "*jerk.*" Năm 2003, Krauss có tổ chức một hội nghị tại đại học của ông để xem xét tương lai của vũ trụ và có mời một trong số những thành viên của nhóm *High-Z*, Adam Riess. Ông nầy nói với Krauss rằng ông sẽ có một cái gì rất hấp dẫn để phúc trình tại hội nghị. Quả thực ông có. Ngày hôm sau, tờ *New York Times,* khi phúc trình về hội nghị, đã đăng bức hình của Adam kèm theo tựa đề, "*Cosmic Jerk Discovered.*" Krauss đã giữ bức hình đó và thỉnh thoảng xem trở lại cho vui.

Việc minh họa chi tiết về lịch sử bành trướng của vũ trụ, chứng minh rằng nó chuyển từ một giai đoạn giảm tốc sang tăng tốc, đã đưa thêm trọng lượng đáng kể vào lời tuyên bố cho rằng những quan sát ban đầu thực sự là sai, vì hàm ngụ sự hiện diện của năng lượng đen. Với tất cả những niềm tin khác hiện có, nếu bám theo bức tranh nầy, thật khó tưởng tượng làm thế nào chúng ta lại đi đến một cuộc săn ngỗng vũ trụ (cosmic wild-goose chase). Dù thích hay không, năng lượng đen dường như còn ở đây, hay ít ra ở đây cho đến khi nó thay đổi theo một cách nào đó.

Nguồn gốc và bản chất của năng lượng đen dứt khoát là bí mật lớn nhất trong vật lý học ngày nay, Chúng ta không có được một hiểu biết sâu xa nào về cách thức nó phát sinh và tại sao nó có được trị số như thế. Do đó, chúng ta không hiểu được tại sao nó bắt đầu khống chế sự bành trướng của vũ trụ và tương đối chỉ mới đây thôi, trong đại để 5 tỉ năm vừa qua, hay phải chăng đó là một ngẫu nhiên tuyệt đối. Đương nhiên người ta có thể nghi ngờ rằng bản chất của nó được gắn liền một cách căn bản với nguồn gốc của vũ trụ. Và tất cả mọi dấu hiệu đều cho thấy rằng nó cũng sẽ quyết định tương lai của vũ trụ.

Chương VI
Ăn miễn phí ở tận cùng vũ trụ

Không gian thì lớn. Thực sự lớn. Dứt khoát bạn sẽ không tin nó lớn bao la, khổng lồ, choáng ngợp đến thế. Tôi muốn nói, bạn có thể nghĩ đó là một con đường dốc dài đi xuống nhà giả kim, nhưng đó chỉ là những hạt đậu phụng trong không gian.
- Douglas Adams, *The Hitchhiker's Guide to the Galaxy*

Tổng Quát

Những nhà vũ trụ học chúng ta đã ước đoán, quả đúng là thế, rằng vũ trụ là phẳng, nên chúng ta chẳng mấy ngạc nhiên trước khám phá cho thấy không gian trống thực ra có năng lượng - và thực sự đủ năng lượng để khống chế sự bành trướng của vũ trụ. Sự hiện hữu của loại năng lượng nầy là không hợp lý, nhưng thậm chí càng không hợp lý hơn nữa là: năng lượng không đủ để làm cho vũ trụ không thể ở được (uninhabitable). Vì nếu năng lượng của không gian trống cũng lớn theo như những ước tính tiên nghiệm (a priori estimates) được mô tả trước đây thì nhịp độ bành trướng có thể đã rất lớn đến độ mọi thứ mà chúng ta có thể nhìn thấy ngày nay trong vũ trụ có thể đã nhanh chóng bị đẩy ra khỏi chân trời. Vũ trụ có thể trở nên lạnh, tối, và trống rất lâu trước khi những tinh tú, mặt trời, và trái đất của chúng ta có thể được hình thành.

Trong số những lý do khiến giả định vũ trụ là phẳng, có lẽ lý do dễ hiểu nhất đã đến từ sự kiện vũ trụ đã được biết từ

Vấn Đề Phẳng lâu là hầu như phẳng. Ngay cả trong thời kỳ ban sơ, trước khi vật chất được khám phá, khối lượng vật thể hiển thị được biết trong và chung quanh các thiên hà chỉ tượng trưng cho một phần trăm tổng số vật chất cần có để đưa đến một vũ trụ phẳng.

Bây giờ, một phần trăm có thể không có vẻ gì nhiều, nhưng vũ trụ của chúng ta rất già, hàng tỉ tuổi. Nếu giả định những hệ quả trọng lực của vật chất hay bức xạ khống chế sức bành trướng đang xảy ra - điều mà những vật lý gia luôn luôn nghĩ đến - thì, nếu vũ trụ không chính xác phẳng - khi nó bành trướng, nó sẽ trở nên càng lúc càng không phẳng. Nếu nó mở (open) thì nhịp độ bành trướng sẽ tiếp tục theo một nhịp độ nhanh hơn so với một vũ trụ phẳng, kéo vật chất xa nhau ra mỗi lúc một nhiều hơn, giảm thiểu tỉ trọng ròng (net density) của nó và nhanh chóng cho ra một phần tỉ trọng cực nhỏ cần có để đưa đến một vũ trụ phẳng.

Nếu nó khép kín (closed) thì nó sẽ làm giảm sức bành trướng xuống nhanh hơn và cuối cùng khiến nó sụp đổ trở lại. Trong khi đó, trước tiên tỉ trọng giảm xuống với một nhịp độ chậm hơn đối với một vũ trụ phẳng, và sau đó khi vũ trụ sụp đổ trở lại, nó bắt đầu gia tăng. Một lần nữa, sự chia ly với tỉ trọng được ước tính đối với một vũ trụ phẳng sẽ càng lúc càng gia tăng.

Vũ trụ đã gia tăng kích thước gần một ngàn tỉ lần từ khi nó mới có một giây tuổi. Nếu, tại lúc ban sơ đó, tỉ trọng của vũ trụ không hoàn đúng như ước đoán đối với một vũ trụ phẳng mà có thể nói chỉ 10% thôi, thì ngày nay tỉ trọng của vũ trụ của chúng ta sẽ khác với một vũ trụ phẳng ít nhất một ngàn tỉ lần. Con số đó lớn hơn nhiều so với con số 100 lần vốn được biết đã tách biệt tỉ trọng của vật chất hiển thị trong vũ trụ khỏi tỉ trọng của những gì thường tạo nên một vũ trụ phẳng ngày nay.

Vấn Đề Phẳng

Vấn đề nầy được nhiều người biết đến, ngay cả trong thập niên 1970, và nó được biết như Vấn Đề Phẳng (*Flatness Problem*). Xem xét hình học của vũ trụ chẳng khác nào tưởng tượng một cây bút chì ngược đầu thẳng đứng trên mặt bàn. Chỉ cần mất thăng bằng một chút thôi nó cũng sẽ ngã ngay. Một vũ trụ phẳng cũng thế. Một phân ly nhỏ nhất khỏi độ phẳng sẽ nhanh chóng trở thành lớn. Như thế, làm thế nào vũ trụ có thể gần như phẳng đến thế nếu nó không chính xác là phẳng?

Câu trả lời thật đơn giản: chủ yếu nó phải phẳng ngày nay! Câu trả lời thực sự không đơn giản như thế, vì nó sẽ đưa đến câu hỏi: Làm sao những điều kiện ban đầu cấu kết với nhau để đưa ra một vũ trụ phẳng?

Có hai câu trả lời cho câu hỏi thứ nhì nầy, khó hơn. Câu trả lời thứ nhất có từ năm 1981, khi một vật lý gia lý thuyết trẻ và là một nhà nghiên cứu hậu tiến sỹ tại Đại Học Stanford, Alan Guth, đang suy nghĩ về *Flatness Problem* và hai vấn đề liên quan với bức tranh tiêu chuẩn của *Big Bang* của vũ trụ: vấn đề mệnh danh là *Horizon Problem* và *Monopole Problem*. Chỉ có vấn đề thứ nhất liên quan đến chúng ta ở đây, vì vấn đề thứ nhì chỉ làm cho hai vấn đề kia gay gắt hơn thôi.

Vấn đề *Horizon Problem* liên quan đến sự kiện: bức xạ hậu cảnh vi ba vũ trụ (cosmological microwave background radiation - *CMBR*) là tuyệt đối đồng dạng (uniform). Những biến thiên (deviations) nhỏ về nhiệt độ được mô tả trước đây tiêu biểu cho những thay đổi tỉ trọng trong vật chất và bức xạ khi vũ trụ mới chỉ một vài ngàn năm tuổi chưa đến một phần trong 10 ngàn so với tỉ trọng và nhiệt độ hậu cảnh đồng dạng kia. Do đó, trong khi tôi tập trung trên những biến thiên nhỏ, một câu hỏi bức thiết hơn và sâu xa hơn là: Trước hết làm thế nào vũ trụ lại trở nên đồng dạng như thế?

Tựu trung, nếu, thay vì hình ảnh trước kia của *CMBR* (trong đó những thay đổi về nhiệt độ vài phần trong 100 ngàn được phản ảnh trong những màu khác nhau), Krauss cho thấy một bản đồ nhiệt độ của bầu trời trên quy mô bậc một (linear scale) thì bản đồ sẽ trông giống như bên dưới. (Những biến thiên trong vùng tối tượng trưng cho những biến thiên về nhiệt độ, khoảng 0.03 độ Kelvin chung quanh nhiệt độ trung bình khoảng 2.72 độ trên không độ tuyệt đối, hay một biến thiên của một phần trong 100 chung quanh độ trung bình.)

Xin thử so sánh hình nầy, trong đó không có cái gì có thể phân biệt trong cấu trúc, với phóng ảnh tương tự của mặt trái đất chỉ với độ cảm ứng nhỏ, với những thay đổi màu sắc tương ứng với những biến thiên chung quanh bán kính trung bình khoảng một phần trong 500:

Chương VI: Ở Tận Cùng Vũ Trụ

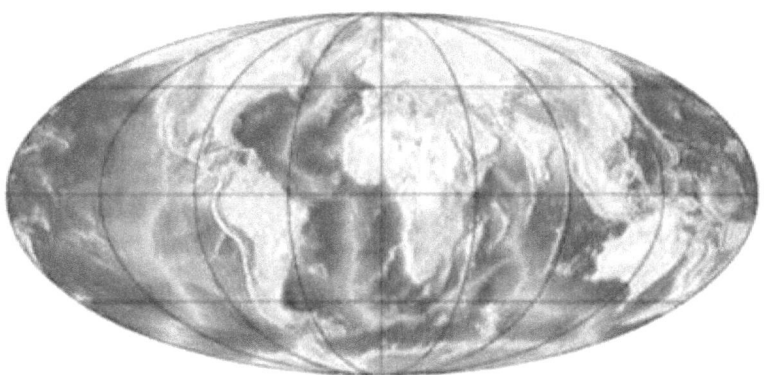

Dó đó, trên quy mô lớn, vũ trụ thật đồng dạng không thể tưởng!

Làm sao có thể thế nầy được? Dễ thôi, người ta có thể chỉ giả đoán rằng, trong thời kỳ ban sơ, vũ trụ sơ khai còn nóng, khít đặt (dense), và quân bình về nhiệt (thermal equilibrium). Điều nầy có nghĩa là bất kỳ những điểm lạnh nào cũng có thể đã bị nung nóng cho đến khi khối lỏng ban đầu đạt đến cùng một nhiệt độ khắp nơi.

Tuy nhiên, như đã đề cập trước đây, khi vũ trụ khoảng vài trăm ngàn tuổi, ánh sáng có thể đã chỉ đi vài trăm ngàn năm ánh sáng, tượng trưng cho một phần nhỏ của toàn bộ vũ trụ hiển thị ngày nay. (Khoảng cách cũ nầy có thể chỉ tượng trưng cho một góc khoảng một độ trên một bản đồ toàn bộ hậu cảnh vi ba vũ trụ rải rác trên bề mặt lần sau cùng theo quan sát ngày nay.) Vì Einstein nói với chúng ta rằng không có thông tin nào có thể đi nhanh hơn ánh sáng, trong bức tranh tiêu chuẩn về *Big Bang*, dứt khoát không có cách gì một phần của vũ trụ hiển thị ngày nay lúc bấy giờ có thể đã bị ảnh hưởng của sự hiện diện và nhiệt độ của những phần khác trên những quy mô phương giác (angular scales) lớn hơn một độ. Như thế, không có cách gì hơi (gas) trong những quy mô nầy có thể được quân bình về nhiệt (thermalized) kịp để sản sinh ra một nhiệt độ đồng dạng như thế khắp nơi!

Nhiệt tiềm ẩn

Guth, một vật lý gia đơn tử, đang suy nghĩ về những tiến trình có thể đã xảy ra trong vũ trụ sơ khai vốn có thể giúp hiểu được vấn đề nầy khi ông ta đi đến được một nhận thức vô cùng xuất sắc. Nếu, khi vũ trụ nguội lại, nó nhận chịu một hình thức chuyển pha (phase transition) - như vẫn xảy ra khi nước đông thành đá, chẳng hạn, hay một thỏi sắt trở nên từ tính hóa (magnetized) khi nguội lại - thì không những Vấn Đề *Horizon Problem* được giải quyết mà cả Vấn Đề *Flatness Problem* (và cả Vấn Đề *Monopole Problem*).

Nếu bạn thích uống bia lạnh thực sự thì bạn có thể đã có kinh nghiệm nầy: bạn lấy một chai bia ra khỏi tủ lạnh, và khi bạn mở nó và xả hết áp suất bên trong chai, bất ngờ chai bia đông thành đá hoàn toàn, ngay khi đó nó có thể làm vỡ một phần vỏ chai. Điều nầy xảy ra vì, với áp suất cao, trạng thái năng lượng thích hợp nhất của bia là trạng thái lỏng, trong khi đó, một khi áp suất đã được giải tỏa, trạng thái năng lượng thích hợp thấp nhất của bia là trạng thái rắn. Trong khi chuyển pha, năng lượng có thể được giải tỏa vì trạng thái năng lượng thấp nhất trong một pha có thể có năng lượng thấp hơn là trạng thái năng lượng thấp nhất trong pha khác. Khi năng lượng như thế được giải tỏa, nó được gọi là "nhiệt tiềm ẩn (latent heat)."

Guth nhận thức rằng, khi vũ trụ nguội lại với sự bành trướng của *Big Bang*, thiết trí (configuration) của vật chất và bức xạ trong vũ trụ bành trướng có thể đã bị "kẹt" trong một trạng thái siêu ổn định (meta-stable state) trong một lúc cho đến khi cuối cùng, khi vũ trụ nguội hơn nữa, thiết trí nầy sau đó bất ngờ nhận chịu một chuyển pha sang trạng thái nguội thích hợp về mặt năng lượng (energetically preferred ground state) của vật chất và bức xạ. năng lượng được chứa trong thiết trí "chân không giả tạo (false vacuum configuration)" của vũ trụ trước khi sự chuyển pha được hoàn tất - "nhiệt tiềm tàng" của vũ trụ có thể ảnh hưởng nghiêm trọng sự bành trướng của vũ trụ trong giai đoạn trước khi chuyển pha.

Năng lượng chân không giả tạo có thể hành xử y hệt như năng lượng được tượng trưng bởi một hằng số vũ trụ, vì nó sẽ hành động giống như một năng lượng lan tràn trong không gian trống. Điều nầy sẽ khiến sự bành trướng của vũ trụ lúc đó đi càng lúc càng nhanh hơn. Cuối cùng, những gì trở thành vũ trụ hiển thị của chúng ta có thể bắt đầu tăng nhanh hơn vận tốc ánh sáng. Điều nầy được cho phép trong tổng thuyết tương đối, theo đó, không có gì có thể đi nhanh hơn ánh sáng. Nhưng phải làm luật sư và diễn dịch điều nầy cẩn thận hơn.

Đặc thuyết tương đối chuyên biệt (special relativity) nói rằng không có cái gì đi *qua không gian* nhanh hơn vận tốc ánh sáng. Nhưng chính không gian có thể muốn làm gì thì làm, ít nhất trong tổng thuyết tương đối. Và khi không gian bành trướng, nó có thể kéo theo những thiên thể xa, vốn nằm yên trong không gian, cách xa nhau với những vận tốc siêu ánh sáng (superluminal speeds).

Như thế vũ trụ có thể đã bành trướng trong giai đoạn trương nở (inflation) nầy theo một hệ số lớn hơn 10^{28}. Trong khi con số nầy là khó tưởng tượng, nó lại có thể đã xảy ra trong một phần của giây khi vũ trụ còn sơ khai. Trong trường hợp nầy, mọi thứ trong vũ trụ hiển thị của chúng ta đã có một thời, trước khi trương nở, được chứa trong một vùng nhỏ hơn nhiều so với sự truy nguyên của chúng ta nếu sự bành trướng không xảy ra, và quan trọng hơn cả, nhỏ đến độ có thể có đủ thời gian để cho toàn vùng quân bình về nhiệt và đạt đúng cùng một nhiệt độ.

Sự trương nở đã giúp tạo ra một tiên đoán tương đối tổng quát khác. Khi một khí cầu được thổi phông lên mỗi lúc một lớn thì độ cong trên mặt cầu trở nên mỗi lúc một nhỏ hơn. Hiện tượng tương tự xảy ra đối với một vũ trụ mà kích thước bành trướng theo cấp số mũ (exponentially), như trong thời kỳ trương nở - bị kéo đi bởi một năng lượng chân không lớn giả tạo. Thực vậy, vào lúc mà sự trương nở chấm dứt (giải quyết vấn đề *Horizon Problem*), độ cong của vũ trụ (nếu bắt đầu với một trị khác không) sẽ đi về một trị cực nhỏ đến độ, ngay cả ngày nay, vũ trụ có vẻ chủ yếu phẳng khi được đo lường chính xác.

Dao động lượng tử
Trương nở chỉ la lối giải thích mới đây về tính thuần nhất (homogeneity) và tính phẳng (flatness) của vũ trụ, dựa trên những khả thể lý thuyết căn bản và tính toán được về đơn tử và những đối tác của chúng. Nhưng hơn thế, trương nở giúp đưa đến một tiên đoán khác có lẽ còn đáng chú ý hơn. Như đã đề cập trước đây, những định luật của cơ học lượng tử (quantum mechanics) hàm ngụ rằng, trên những quy mô rất nhỏ, trong những thời gian rất ngắn, không gian trống có thể có vẻ như là một chảo đang sôi bong bóng của những đơn tử và những trường (fields) đang dao động hỗn loạn (wild fluctuations) về độ lớn (magnitude). Những "dao động" lượng tử nầy có thể quan trọng để xác định đặc tính của *protons* và nguyên tử, nhưng nói chung, chúng không hiển thị trên những quy mô lớn hơn; đó là một trong những lý do chúng có vẻ không tự nhiên đối với chúng ta.

Tuy nhiên, trong thời kỳ trương nở, những dao động lượng tử nầy có thể xác định khi nào những hiện tượng, lý ra là những vùng nhỏ khác nhau của không gian, sẽ chấm dứt giai đoạn bành trướng theo cấp số mũ của chúng. Khi những vùng khác nhau ngưng trương nở vào những thời điểm hơi khác nhau, tỉ trọng của vật chất và bức xạ vốn sinh ra khi năng lượng chân không giả tạo được giải tỏa trong những vùng khác nhau nầy sẽ khác nhau trong mỗi vùng. Biểu mẫu dao động về tỉ trọng theo sau thời kỳ trương nở - do những dao động lượng tử trong không gian trống - hóa ra chính xác phù hợp với biểu mẫu được quan sát của những điểm lạnh và điểm nóng trên những quy mô lớn trong bức xạ hậu cảnh vi ba vũ trụ. Trong khi, đương nhiên, sự nhất quán đó không phải là bằng chứng, càng lúc càng có nhiều nhà vũ trụ học cho rằng, một lần nữa, nếu cái gì đi giống như một con vịt, trông giống như con vịt, và kêu giống như con vịt, thì có lẽ đó là một con vịt. Và nếu sự trương nở thực sự là nguyên nhân của tất cả những dao động nhỏ trong tỉ trọng của vật chất và bức xạ xảy ra sau đó khi vật chất sụp đổ do trọng lực vào các thiên hà, tinh tú, hành tinh, và con người, kế đó có thể nói tất cả chúng ta đều ở đây ngày nay là nhờ những dao động lượng tử trong cái chủ yếu là hư không (nothing).

Điều nầy rất đáng chú ý nên Krauss muốn nhấn mạnh một lần nữa. Những dao động lượng tử, lý ra hoàn toàn vô hình, bị đóng băng do trương nở và sau đó xuất hiện như là những dao động tỉ trọng để sinh ra mọi thứ mà chúng ta có thể nhìn thấy! Nếu tất cả chúng ta đều là bụi tinh tú thì cũng đúng thôi nếu, vì trương nở có xảy ra, tất cả chúng ta dứt khoát đã xuất hiện từ hư không lượng tử (quantum nothingness).

Điều nầy tuyệt đối phi trực giác (non-intuitive) cho nên có vẻ gần như ảo thuật. Nhưng ít nhất cũng có một phương diện của tất cả những ảo thuật trương nở nầy có thể tỏ ra đặc biệt đáng lo ngại. Trước hết, tất cả năng lượng đến từ đâu? Làm thế nào một vùng cực nhỏ có thể trở thành một vùng lớn bằng vũ trụ ngày nay với đủ vật chất và bức xạ

Chương VI: Ở Tận Cùng Vũ Trụ

trong đó để giải thích mọi thứ mà chúng ta có thể nhìn thấy?

Tổng quát hơn, chúng ta có thể đặt câu hỏi, tại sao tỉ trọng của năng lượng có thể vẫn cố định trong một vũ trụ bành trướng với một hằng số vũ trụ, hay năng lượng chân không giả tạo? Chung quy, trong một vũ trụ như thế, không gian bành trướng theo cấp số mũ, nên, nếu tỉ trọng của năng lượng không thay đổi, tổng năng lượng bên trong bất kỳ vùng nào sẽ gia tăng khi thể tích của vùng đó gia tăng. Điều gì đã xảy ra cho định luật bảo tồn năng lượng?

Đây là một ví dụ của điều mà Guth gọi là "bữa ăn miễn phí" tối hậu (ultimate free lunch). Việc đưa những hệ quả của trọng lực vào suy nghĩ về vũ trụ cho phép những vật thể có được năng lượng "âm" cũng như "dương." Phương diện nầy của trọng lực cho phép giả định rằng vật thể có năng lượng dương, như vật chất và bức xạ, có thể được bổ sung bởi những thiết trí năng lượng âm (negative energy configurations) vốn cân bằng năng lượng của những vật có năng lượng dương được tạo ra. Khi làm thế, trọng lực có thể khởi đi với một vũ trụ trống - và chấm dứt với một vũ trụ đầy.

Điều nầy nghe cũng có vẻ đáng nghi, nhưng thực tế đó là một phần của những gì khiến chúng ta ngỡ ngàng thực sự đối với một vũ trụ phẳng. Đây cũng là điều quen thuộc đối với bạn khi học vật lý ở trung học.

Thử tung một quả bóng lên không. Thông thường, nó sẽ rơi trở xuống. Bây giờ tung nó mạnh hơn (giả định bạn đang ở bên ngoài). Nó sẽ lên cao hơn và lơ lửng lâu hơn trước khi rơi xuống lại. Cuối cùng, nếu bạn tung nó lên đủ mạnh thì nó sẽ không rơi xuống trở lại. Nó sẽ thoát khỏi trọng trường (gravitational field) của trái đất và đi mãi vào vũ trụ.

Làm sao chúng ta biết khi nào thì quả bóng sẽ thoát ly? Chúng ta xử dụng một phương pháp kế toán năng lượng đơn giản. Một vật đang di chuyển trong trọng trường của trái đất có hai loại năng lượng. Một, năng lượng chuyển động (energy of motion) được gọi là động năng (*kinetic energy*). Năng lượng nầy, vốn lệ thuộc và vận tốc của động tử, nên luôn luôn dương. Thành tố khác của năng lượng, được gọi là tiềm năng (*potential energy*), thường là âm.

Điều nầy quan trọng vì chúng ta định nghĩa tổng năng lượng trọng lực (total gravitational energy) của một vật là *zero* khi nó đứng yên thật xa với bất kỳ một vật nào khác. Điều đó có vẻ hợp lý. Động năng rõ ràng là *zero*, và chúng ta định nghĩa tiềm năng là *zero* tại điểm nầy, do đó tổng năng lượng trọng lực là *zero*.

Bây giờ, nếu vật đó không ở thật xa những vật khác mà ở gần một vật nào đó, như trái đất, thì nó sẽ bắt đầu rơi vào nó do sức hút của trọng lực. Khi rơi, nó tăng tốc độ, và nếu chạm phải một vật trên đường đi thì nó tạo công suất (work) bằng cách làm vỡ vật đó ra, chẳng hạn. Càng đến gần mặt đất nó càng mất khả năng tạo ra công suất. Như thế, tiềm năng giảm đi khi bạn đến gần trái đất hơn. Nhưng nếu tiềm năng là *zero* khi nó cách trái đất thật xa thì nó phải càng âm hơn khi càng gần trái đất hơn, vì tiềm năng tạo công suất của nó giảm dần khi đến gần.

Trong cơ học cổ điển, định nghĩa của tiềm năng có tính tùy tiện (arbitrary). Chúng ta có thể cho tiềm năng bằng không tại mặt đất, và sau đó có thể cho một trị số nào đó lớn hơn khi vật đó ở xa vô tận. Cho tổng năng lượng bằng không ở vô hạn cũng có lý về mặt vật lý, nhưng đó chỉ là một quy ước, ít nhất ở giai đoạn trình bày nầy.

Bất luận cho tiềm năng bằng không ở điểm nào đi nữa, điều kỳ diệu về những vật thể chịu tác động của trọng lực là:

tổng số (*sum*) tiềm năng và động năng của chúng luôn luôn cố định. Khi vật thể rơi, tiềm năng được chuyển sang động năng, và khi chúng dội lên lại từ mặt đất, động năng được chuyển trở lại thành tiềm năng, và cứ thế tiếp tục. Điều nầy giúp chúng ta có được một dụng cụ kế toán tuyệt vời để xác định phải ném một vật lên không nhanh cỡ nào để nó thoát ly trái đất, vì, nếu cuối cùng nó đạt được một khoảng cách cực xa khỏi trái đất, thì tổng năng lượng của nó phải lớn hơn hay bằng không. Kế đó chung ta chỉ cần bảo đảm rằng tổng năng lượng trọng lực vào lúc nó rời khỏi tay chúng ta phải lớn hơn hoặc bằng không. Vì chúng ta chỉ có thể kiểm soát được một phương diện của tổng năng lượng của nó - tức là vận tốc nó rời khỏi tay chúng ta - điều chúng ta cần làm là tìm ra cái vận tốc ma thuật tại đó động năng dương của quả bóng bằng động năng âm mà nó có do sức hút của mặt đất.

Thoát tốc

Cả động năng và tiềm năng của quả bóng đều rõ ràng tùy thuộc như nhau vào trọng khối (mass) của quả bóng; trọng khối nầy triệt tiêu khi hai đại lượng nầy bằng nhau, và người ta tìm ra một "thoát tốc (escape velocity)" duy nhất cho tất cả những vật thể từ mặt đất, tức là khoảng 7 miles/giây, khi tổng năng lượng trọng lực của vật đó chính xác bằng không.

Bạn có thể hỏi, tất cả những điều nầy liên quan gì với vũ trụ nói chung, và tiến trình trương nở nói riêng? Xin thưa, chính sự tính toán vừa mô tả đối với một quả bóng được tung lên tại mặt đất áp dụng cho mọi vật thể trong vũ trụ bành trướng của chúng ta. Thử xem một vùng hình cầu của vũ trụ chúng ta ở chính giữa vị trí của chúng ta (trong dải Ngân Hà) và đủ lớn để bao quản nhiều thiên hà nhưng đủ nhỏ để năm hẳn bên trong những khoảng cách xa nhất mà chúng ta có thể quan sát ngày nay:

Chương VI: Ở Tận Cùng Vũ Trụ

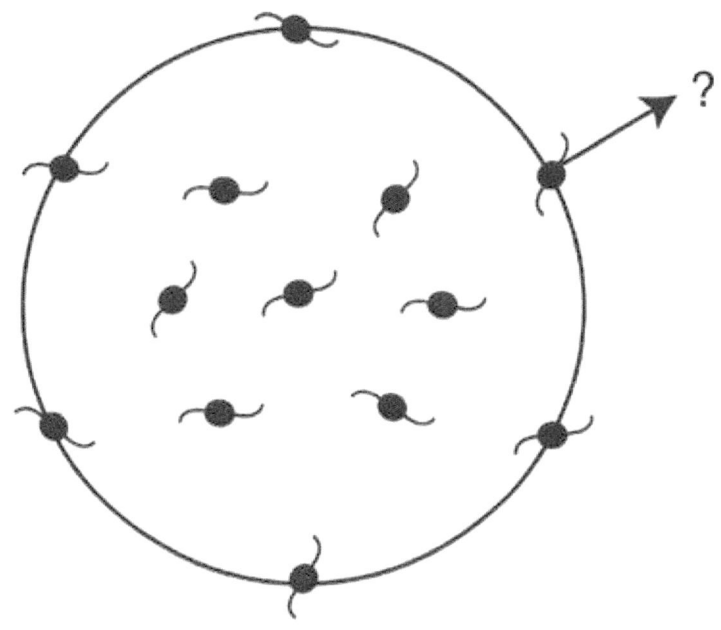

Nếu vùng nầy đủ rộng nhưng không quá rộng thì những thiên hà ngoài bìa của vùng sẽ đồng bộ lùi xa chúng ta do sự bành trướng Hubble, nhưng những vận tốc của chúng sẽ nhỏ hơn nhiều so với vận tốc ánh sáng. Trong tường hợp nầy, những định luật Newton được áp dụng, và chúng ta có thể bỏ qua những hệ quả của tổng thuyết tương đối và đặc thuyết tương đối. Nói cách khác, mỗi vật thể được chi phối bởi loại vật lý giống hệt với loại vật lý mô tả những quả bóng mà chúng ta vừa tưởng tượng cố ném khỏi mặt đất.

Thử xem xét thiên hà trong hình trên, đang di chuyển khỏi trung tâm đồ họa. Bây giờ, cũng tương tự như quả bóng ném lên từ trái đất, chúng ta có thể hỏi liệu thiên hà có thể thoát khỏi sức hút của trọng lực của tất cả những thiên hà khác bên trong hình cầu hay không. Và tính toán mà chúng có thể thực hiện để xác định câu trả lời cũng chính là sự tính toán mà chúng ta thực hiện cho quả bóng. Chúng ta chỉ tính tổng năng lượng trọng lực của thiên hà, dựa trên chuyển động của nó từ trong ra ngoài (cho nó năng lượng dương), và sức kéo của trọng lực từ các láng giềng của nó. Nếu tổng năng lượng của nó lớn hơn không, thì nó sẽ dừng lại và rơi vào bên trong.

Bây giờ, đáng chú ý thay, người ta có thể cho thấy rằng chúng ta có thể viết lại phương trình của Newton cho tổng năng lượng trọng lực của thiên hà nầy để tái tạo chính xác phương trình của Einstein về tổng thuyết tương đối của một vũ trụ bành trướng. Và trị số tương ứng với tổng năng lượng trọng lực của thiên hà trong tổng thuyết tương đối trở nên trị số mô tả độ cong của vũ trụ.

Như thế chúng ta tìm được gì? Trong một vũ trụ phẳng, và chỉ trong một vũ trụ phẳng, tổng năng lượng trọng lực trung bình Newton của mỗi vật thể đang chuyển động với sự bành trướng chính xác bằng không! Điều nầy làm cho một vũ trụ phẳng rất đặc biệt. Trong một vũ trụ như thế, năng lượng dương của chuyển động rõ ràng bị triệt tiêu bởi năng lượng âm của trọng lực.

Khi chúng ta bắt đầu làm chộ mọi thứ trở nên phức tạp bằng cách cho phép không gian trống có năng lượng, sự tương đồng đơn giản của Newton với một quả bóng được ném lên không trở nên không đúng, nhưng kết luận vẫn chủ yếu như nhau. Trong một vũ trụ phẳng, ngay cả một vũ trụ với một hằng số vũ trụ nhỏ, bao lâu quy mô đủ nhỏ để những phương tốc nhỏ hơn nhiều so với vận tốc ánh sáng, năng lượng trọng lực Newton đi liền với mỗi vật thể trong vũ trụ la *zero*.

Free Lunch
Thực tế, với năng lượng chân không, nhóm từ "free lunch" của Guth trở nên nghiêm trọng hơn. Khi mỗi vùng trong vũ

trụ tiếp tục bành trướng lớn hơn ra, nó trở nên càng lúc càng phẳng hơn, cho nên năng lượng trọng lực Newton của những gì xảy ra sau khi năng lượng chân không trong tiến trình trương nở đã chuyển sang vật chất và bức xạ đều dứt khoát trở nên bằng không.

Nhưng bạn có thể hỏi, Do đâu mà có tất cả những năng lượng để giữ cho tỉ trọng của năng lượng cố định trong quá trình trương nở, khi vũ trụ bành trướng theo cấp số mũ? Ở đây, phải cần đến một phương diện khác của tổng thuyết tương đối để giải thích. Không những năng lượng trọng lực của các vật thể có thể âm mà "áp suất" theo luật tương đối (relativistic pressure) cũng có thể âm. Áp suất âm thậm chí còn khó hình dung hơn là năng lượng âm. Hơi, trong một khí cầu chẳng hạn, tạo một áp suất trên những vách của khí cầu. Khi làm thế, nếu nó làm trương nở những vách khí cầu thì nó tạo công suất trên khí cầu.

Công suất đó thực sự khiến cho hơi mất năng lượng và lạnh xuống. Tuy nhiên, cuối cùng thì năng lượng của không gian trống lại trở thành ly lực chính vì nó khiến cho không gian trống có một áp suất "âm." Do hậu quả của áp suất âm nầy, vũ trụ thực sự tạo công suất trên không gian trống khi nó bành trướng. Công suất nầy giúp duy trì tỉ trọng năng lượng cố định của không gian ngay cả khi vũ trụ bành trướng.

Như thế, nếu những thuộc tính của vật chất và bức xạ cuối cùng tạo ra một vùng không gian trống với năng lượng vào thời ban sơ, thì vùng nầy có thể bành trướng để trở thành lớn và phẳng bao nhiêu cũng được. Khi sự trương nở chấm dứt, người ta có thể chấm dứt với một vu trụ đầy vật thể (vật chất và bức xạ), và tổng năng lượng trọng lượng Newton của vật thể đó sẽ rất gần với *zero*. Do đó, khi bụi lắng xuống, và sau một thế kỷ nỗ lực, chúng ta đã đo lường được độ cong của vũ trụ và tìm thấy nó là *zero*. Bạn có thể hiểu tại sao quá nhiều lý thuyết gia như Krauss đã nhìn thấy điều nầy không những rất hấp dẫn mà còn rất hàm ngụ.

Quả nhiên... một vũ trụ từ hư vô.

Chương VII
Tương lai đau khổ của chúng ta

Tương lai không phải như trước nữa.
- Yogi Berra

Tổng Quát

Theo một nghĩa nào đó, quả hấp dẫn và lạ lùng khi chúng ta thấy mình đang sống trong một vũ trụ được khống chế bởi hư không (nothing). Những cấu trúc mà chúng ta có thể thấy, như tinh tú và thiên hà, tất cả đều do những dao động lượng tử (quantum fluctuations) tạo ra từ hư không. Và tổng năng lượng trọng lực Newton trung bình (average total Newtonian gravitational energy) của mỗi vật thể trong vũ trụ của chúng ta đều bằng không. Cứ thưởng thức ý nghĩa đó trong khi bạn có thể làm thế và nếu bạn thích thế, vì, nếu tất cả điều nầy đúng thì chúng ta có lẽ đang sống trong vũ trụ tệ hại nhất của tất cả mọi vũ trụ mà người ta có thể sống, ít nhất trong phạm vi của tương lai sự sống.

Xin nhớ rằng chưa đầy một thế kỷ trước, Einstein đầu tiên triển khai tổng thuyết tương đối của ông (general theory of relativity). Tri thức cổ điển thời đó cho rằng vũ trụ của chúng ta là tĩnh (static) và trường cửu (eternal). Thực vậy, Einstein không những chế nhạo Lemaître đã nói đến *Big Bang*, mà còn phát minh ra hằng số vũ trụ (cosmological constant) nhằm cho phép một vũ trụ tĩnh.

Bây giờ, một thế kỷ sau, những khoa học gia chúng ta có thể cảm thấy hãnh diện đã khám phá sự bành trướng nền tảng của vũ trụ, hậu cảnh bức xạ vi ba vũ trụ (cosmic microwave background radiation - *CMBR*), vật thể đen (dark matter), và năng lượng đen (dark energy).

Nhưng tương lai sẽ mang lại cái gì?
Một hình thức . . . thi ca nào đó.

Xin nhớ rằng sự khống chế của năng lượng trong không gian trống đối với vũ trụ của chúng ta được suy luận từ sự bành trướng đang tăng nhanh. Và, cũng như với tiến trình trương nở (inflation), theo mô tả trong chương vừa qua, vũ trụ hiển thị (visible) của chúng ta đang bắt đầu bành trướng nhanh hơn vận tốc ánh sáng. Và theo thời gian, nhờ vao sự bành trướng tăng tốc, mọi thứ chỉ sẽ trở nên tồi tệ hơn.

Vũ trụ bất hiển thị

Điều nầy có nghĩa là, chúng ta càng chờ đợi lâu thì chúng ta sẽ có thể nhìn thấy ít hơn. Những thiên hà (galaxies) mà chúng ta có thể nhìn thấy bây giờ một ngày kia trong tương lai sẽ lùi xa chúng ta với vận tốc nhanh hơn ánh sáng, nghĩa là, chúng ta sẽ không thể nhìn thấy chúng nữa. Ánh sáng mà chúng phát ra sẽ không thể đi nhanh hơn sức bành trướng của không gian, và nó không thể đến được chúng ta. Những thiên hà nầy sẽ biến mất khỏi chân trời của chúng ta.

Cách vận hành của viễn tượng nầy hơi khác với cách tưởng tượng của bạn. Những thiên hà không đột nhiên biến mất hay nhấp nháy khỏi bầu trời ban đêm. Ngược lại, khi sự lùi xa của chúng đi gần đến vận tốc ánh sáng, ánh sáng từ những vật thể nầy chuyển vị sang đỏ nhiều hơn trong quang phổ (redshifted). Cuối cùng, tất cả ánh sáng hiển thị đều chuyển thành hồng ngoại (infrared), vi ba (microwave), sóng vô tuyến (radio) v.v., cho đến khi độ dài sóng (wavelength) của ánh sáng mà chúng phát ra trở nên lớn hơn kích thước của vũ trụ hiển thị, đến độ chúng chính thức trở thành bất hiển thị (invisible).

Chúng ta có thể tính được tiến trình nầy sẽ mất bao lâu. Vì những thiên hà trong chùm thiên hà địa phương của chúng ta đều được trọng lực tương quan ràng buộc lại với nhau, chúng sẽ không lùi xa theo sự bành trướng hậu cảnh của vũ trụ mà Hubble khám phá. Những thiên hà nằm sát bên ngoài nhóm của chúng ta ở cách xa khoảng một phần 5000 đối với cái điểm mà phương tốc lùi (recession velocity) của các thiên thể gần bằng vận tốc ánh sáng. Muốn đến đó, chúng phải mất khoảng 150 tỉ năm, tức khoảng 10 lần tuổi hiện nay của vũ trụ. Tại điểm đó, tất cả ánh sáng từ các tinh tú bên trong các thiên hà có thể đã chuyển vị sang đỏ với hệ số 1 của khoảng 5000. Trong khoảng 2 tỉ năm nữa, ánh sáng của chúng có thể đã chuyển vị sang đỏ với một số lượng có thể làm cho độ dài sóng của chúng bằng với kích thước của vũ trụ hiển thị, và phần còn lại của vũ trụ sẽ dứt khoát biến mất.

Hai ngàn tỉ năm có thể có vẻ là một thời gian dài, và đúng thế. Tuy nhiên, theo nghĩa vũ trụ, đó chẳng phải là trường cửu. Những tinh tú trường thọ "chính dòng (main-sequence)" - tức có cùng một lịch sử tiến hóa như mặt trời của chúng ta - có những tuổi thọ dài hơn nhiều so với mặt trời và vẫn còn sáng trong 2 ngàn tỉ năm (mặc dù mặt trời sẽ kết liễu trong khoảng 5 tỉ năm nữa). Như thế trong tương lai xa, có thể có những nền văn minh trên những hành tinh chung quanh các tinh tú đó, do mặt trời cung ứng năng lượng, với nước và những vật hữu cơ. Và có thể có những nhà thiên văn với những viễn vọng kính trên những hành tinh đó. Nhưng khi họ nhìn vào vũ tụ, chủ yếu mọi thứ mà bây giờ chúng ta có thể thấy - tức tất cả 400 tỉ thiên hà hiện có trong vũ trụ hiển thị của chúng ta - sẽ biến mất!

Krauss đã cố xử dụng lập luận nầy với Quốc Hội để kêu gọi tài trợ vũ trụ học bây giờ, trong khi chúng ra hãy còn thời gian để quan sát tất cả những gì có thể quan sát! Tuy nhiên, đối với một thành viên quốc hội, hai năm đã là một thời gian dài. Hai ngàn tỉ năm là không thể tưởng tượng được.

Trường hợp nào đi nữa, những nhà thiên văn kia trong tương lai xa sẽ rất ngạc nhiên, nếu họ nghĩ ra họ đang thiếu cái gì, dĩ nhiên là không. Vì không những phần còn lại của vũ trụ lúc đó đã biến mất - như Krauss và Robert Scherrer, một đồng nghiệp của ông, đã nhìn nhận một vài năm trước - mà chủ yếu tất cả bằng chứng hiện thời nói với chúng ta rằng chúng ta đang sống trong một vũ trụ bành trướng bắt nguồn từ thời *Big Bang* cũng sẽ biến mất, cùng với mọi bằng chứng về sự hiện hữu của năng lượng đen trong không gian trống vốn là nguyên nhân của sự biến mất nầy.

Không đầy một thế kỷ trước, tri thức cổ điển vẫn khẳng quyết rằng vũ trụ là phẳng và trường cửu, với những tinh tú và hành tinh liên tục đến và đi, nhưng trên quy mô lớn nhất của nó, vũ trụ tự nó sẽ vẫn tồn tại trong tương lai xa, rất lâu sau khi bất kỳ những tàn dư nào của hành tinh và văn minh của chúng ta có lẽ đã lùi vào tro bụi của lịch sử. Trong khi đó, cái ảo tưởng vốn chống đỡ nền văn minh của chúng ta cho đến năm 1930 một lần nữa sẽ trở lại, với một sự trả thù.

Ba rường cột quan sát

Có ba rường cột quan sát đã chứng minh bằng thực nghiệm biến cố *Big Bang*, cho nên, mặc dù Einstein và Lemaître không có trên nầy đi nữa thì chúng ta cũng phải nhìn nhận rằng vũ trụ đã bắt đầu trong một trạng thái nóng, tỉ trọng cao. Ba rường cột đó là: Bành trướng Hubble, quan sát hậu cảnh vi ba vũ trụ, và sự phù hợp được quan sát giữa sự phong phú (abundances) trong các yếu tố nhẹ (light elements) - *hydrogen*, *helium*, và *lithium* - mà chúng ta đã đo được trong vũ trụ với những định lượng được tiên đoán đã sinh ra trong vài phút đầu tiên của lịch sử vũ trụ.

Bành trướng Hubble

Chúng ta hãy bắt đầu với bành trướng Hubble. Làm thế nào chúng ta biết vũ trụ đang bành trướng? Chúng ta đo lường phương tốc lùi (recession velocity) của những thiên thể ở xa như là một hàm số của khoảng cách của chúng. Tuy nhiên, một khi tất cả những thiên thể hiển thị bên ngoài chùm tinh tú địa phương (local cluster) của chúng ta đã biến mất khỏi chân trời của chúng ta, sẽ không còn một vết tích nào của bành trướng để theo dõi - không tinh tú, thiên hà, chuẩn tinh (*quasars*), hay ngay cả những đám mây hơi lớn (gas clouds). Sự bành trướng sẽ rất hữu hiệu nên nó có thể đã lấy đi mọi thiên thể khỏi tầm mắt của chúng ta vì chúng đã thực sự lùi ra xa chúng ta.

Hơn nữa, trên một khung thời gian dưới một ngàn tỉ năm hay đại để như thế, mọi thiên hà trong nhóm địa phương của chúng ta có thể đã sát nhập vào một đại thiên hà lớn nào đó (mega-galaxy). Những nhà quan sát trong tương lai sẽ thấy ít nhiều chính xác những gì mà các nhà quan sát trong năm 1915 đã nghĩ là đã thấy: một thiên hà duy nhất gồm tinh tú của họ và hành tinh của họ, giữa một không gian trống, bao la, và tĩnh.

Cũng xin nhớ rằng mọi bằng chứng cho thấy không gian trống có năng lượng đều có được nhờ quan sát nhịp độ gia tốc của vũ trụ chúng ta. Nhưng, một lần nữa, nếu không có những vết tích bành trướng, sự tăng tốc của vũ trụ bành trướng sẽ không thể quan sát được. Thật vậy, trong một ngẫu nhiên lạ lùng, chúng ta đang sống trong kỷ nguyên duy nhất của lịch sử vũ trụ khi sự hiện diện của năng lượng đen trong không gian trống có thể phát hiện được. Quả thực kỷ nguyên nầy đã có vài trăm tỉ năm, nhưng trong một vũ trụ bành trướng vĩnh viễn, đó chỉ tượng trưng cho một nháy mắt vũ trụ.

Nếu chúng ta giả định rằng năng lượng trong không gian trống đại để là cố định, như trường hợp của hằng số vũ trụ, thì trong những thời kỳ ban sơ hơn nhiều, tỉ trọng năng lượng của vật chất và bức xạ có thể đã vượt quá xa tỉ trọng trong không gian trống. Lý do đơn giản là vì, khi vũ trụ bành trướng, tỉ trọng của vật chất và bức xạ giảm theo với sự bành trướng, vì khoảng cách giữa những đơn tử gia tăng, do đó có ít hơn những vật thể trong mỗi dung tích. Trong những thời kỳ sơ khai, sớm hơn khoảng 5 tỉ đến 10 tỉ năm trước, tỉ trọng vật chất và bức xạ có thể đã lớn hơn ngày nay. Do đó, vũ trụ lúc bấy giờ và trước đó đã bị khống chế bởi vật chất và bức xạ, với sức hút của trọng lực theo sau. Trong trường hợp nầy, sự bành trướng của vũ trụ có thể đi chậm lại trong thời kỳ ban sơ, và hệ quả trọng lực của năng lượng trong không gian trống có thể không thể quan sát được.

Cùng một lý do, trong tương lai xa, khi vũ trụ được vài trăm tỉ năm, tỉ trọng vật chất và bức xạ có thể sẽ giảm đi rất nhiều, và người ta có thể tính được rằng năng lượng đen sẽ có một tỉ trọng năng lượng trung bình (mean energy density) ngàn tỉ lần lớn hơn tỉ trọng của tất cả vật thể và bức xạ còn lại trong vũ trụ. Bấy giờ, nó sẽ hoàn toàn khống chế động năng trọng lực (gravitational dynamics) của vũ trụ trên quy mô lớn. Tuy nhiên, vào thời kỳ trễ đó, sự bành trướng tăng tốc có thể nhất định không thể nhìn thấy được nữa. Theo nghĩa nầy, năng lượng của không gian trống, do chính bản chất của nó, bảo đảm rằng có một thời gian nhất định trong đó nó có thể quan sát được, và, điều đáng chú ý, chúng ta đang sống trong khoảnh khắc vũ trụ đó.

Bức xạ hậu cảnh vi ba
Riêng về rường cột lớn kia của *Big Bang* - tức bức xạ hậu cảnh vi ba vũ trụ (*CMBR*) - nó cung ứng một bức tranh con trực tiếp (direct baby picture) của vũ trụ. Trước tiên, khi vũ trụ bành trướng nhanh hơn trong tương lai, nhiệt độ của

CMBR sẽ giảm xuống. Khi vũ trụ hiển thị khoảng 100 lần lớn hơn bây giờ, nhiệt độ của *CMBR* có thể đã giảm đi một phần trăm, và cường độ của nó, hay tỉ trọng năng lượng được chứa trong nó, có thể đã giảm xuống một phần 100 triệu, khiến nó khó phát hiện hơn cả 100 triệu lần so với hiện nay.

Nhưng chung quy, chúng ta đã có thể thám sát hậu cảnh vi ba vũ trụ giữa tất cả những dao động điện tử khác trên trái đất, và chúng ta có thể tưởng tượng rằng những nhà quan sát trong tương lai xa sẽ tinh khôn gấp 100 triệu lần so với chúng ta hiện nay, cho nên vẫn còn hy vọng. Tiếc thay, ngay cả người tinh khôn nhất mà chúng ta có thể tưởng tượng, với dụng cụ nhạy cảm nhất có thể có, cũng sẽ nhất định không may mắn trong tương lai xa. Đó bởi vì trong thiên hà của chúng ta - hay siêu thiên hà có thể thành hình khi thiên hà của chúng ta sát nhập với những láng giềng của nó, bắt đầu với *Andromeda* trong khoảng 5 tỉ năm nữa - có hơi nóng giữa các tinh tú, và hơi nầy bị *ion* hóa (ionized) cho nên có chứa những *electrons* tự do và như thế hành xử giống như một thể điện tương (*plasma*). Như đã mô tả ở trên, một *plasma* như thế không thể nhìn xuyên thấu (opaque) đối với nhiều loại bức xạ.

Có một thứ được gọi là một tần số *plasma* (*plasma frequency*); dưới tần số nầy, bức xạ không thể đột nhập được *plasma* mà không bị hấp thụ. Dựa trên tỉ trọng hiện quan sát được của những *electrons* tự do trong thiên hà của chúng ta, chúng ta có thể ước tính tần số *plasma* trong thiên hà của chúng ta, và, nếu làm thế, chúng ta sẽ thấy rằng phần lớn *CMBR* từ *Big Bang* sẽ trải rộng ra vào thời điểm vũ trụ có tuổi thọ 50 lần lớn hơn hiện nay, đạt đến những độ dài sóng đủ dài, và tạo ra những tần số đủ thấp để nó đi dưới tần số *plasma* của thiên hà hay siêu thiên hà của chúng ta lúc đó. Sau đó, bức xạ chủ yếu sẽ không có thể đi vào thiên hà của chúng ta để được quan sát, cho dù quan sát viên có ngoan cố đến đâu đi nữa. *CMBR* cũng có thể sẽ biến mất.

Do đó không có bành trướng nào được quan sát, không có vết tích để lại do lóe sáng của *Big Bang*. Nhưng còn sự phong phú của những yếu tố nhẹ như *hydrogen, helium*, và *lithium* thì sao? Chúng cũng cung ứng một ký tích (signature) của *Big Bang* vậy?

Thực vậy, như đã mô tả trong chương 1, bất kỳ khi nào tôi gặp một người nào đó vốn không tin vào *Big Bang*, Krauss thích cho họ thấy hình vẽ sau đây mà ông giữ như là một thẻ thông hành trong ví của ông. Kế đó ông nói: "Thấy chưa! có một *Big Bang* mà!"

Hình vẽ nầy trông rất phức tạp, nhưng nó thực sự cho thấy sự phong phú tương đối đã được dự đoán của *helium, deuterium, helium-3*, và *lithium*, so với *hydrogen*, dựa trên sự hiểu biết hiện nay của chúng ta về *Big Bang*. Đường biểu diễn trên cùng, đi lên góc phải trên, cho thấy sự phong phú dự đoán của *helium*, yếu tố phong phú hàng thứ nhì trong vũ trụ, về trọng lượng, so với *hydrogen* (yếu tố phong phú nhất). Hai đường kế tiếp, đi xuống góc phải dưới, tượng trưng cho những sự phong phú của *deuterium* và *helium-3* theo thứ tự, không những về trọng lượng mà còn về số lượng nguyên tử so với *hydrogen*. Sau cùng, đường biểu diễn bên dưới tượng trưng cho sự phong phú được tiên đoán của yếu tố nhẹ nhất, *lithium*, cũng về số lượng. Những độ phong phú được tiên đoán được biểu diễn bằng những chấm như là những hàm số của tổng tỉ trọng giả đoán của vật chất bình thường (normal matter) - làm bằng những nguyên tử - trong vũ trụ ngày nay.

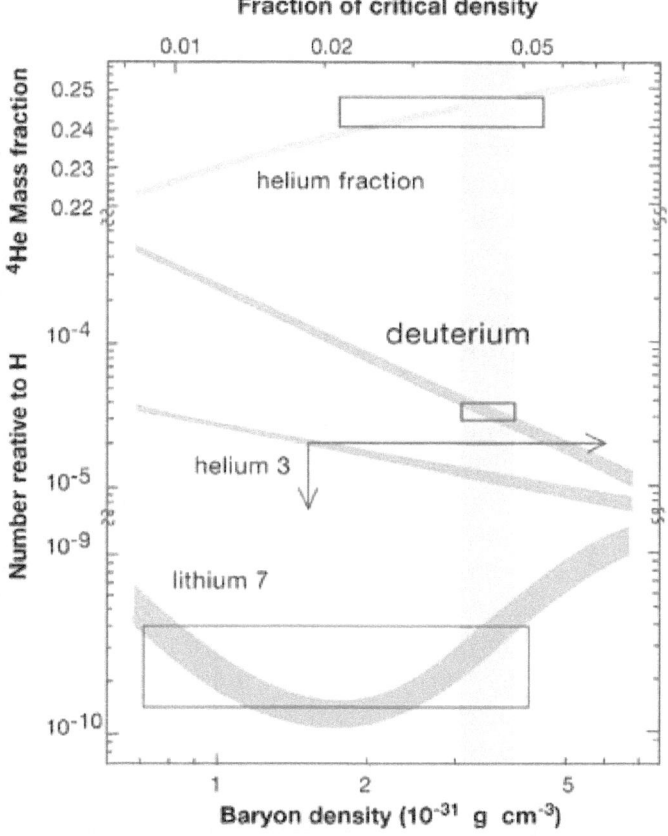

Nếu thay đổi số lượng nầy mà không sinh ra được một phối hợp nào của tất cả những phong phú được tiên đoán về yếu tố có khả năng phù hợp với những quan sát của chúng ta, thì đó sẽ là bằng chứng mạnh mẽ chống lại giả đoán cho rằng chúng sinh ra từ một *Big Bang* nóng. Xin ghi nhận rằng những sự phong phú được tiên đoán của những yếu tố nầy biến thiên khoảng 10 trật tự độ lớn (10 orders of magnitude).

Những ô trắng đi liền với mỗi đường biểu diễn tượng trưng cho phạm vi cho phép của độ phong phú được ước tính ban đầu của những yếu tố nầy dựa trên những quan sát về những sao cũ và hơi nóng bên trong và bên ngoài thiên hà của chúng ta.

Dải dọc màu xám tượng trưng cho cái vùng trong đó tất cả những tiên đoán và quan sát phù hợp với nhau. Khó mà tưởng tượng hậu thuẫn nào cụ thể hơn sự phù hợp nầy giữa những tiên đoán và quan sát, một lần nữa đối với những yếu tố mà độ phong phú biến thiên khoảng 10 trật tự độ lớn, đối với một *Big Bang* sơ khai, nóng, trong đó tất cả những yếu tố nhẹ lần đầu tiên được sinh ra.

Cũng cần lặp lại những hàm ngụ của sự phù hợp đáng chú ý nầy một cách mạnh mẽ hơn: Chỉ trong những giây đầu tiên của một *Big Bang* nóng, với một độ phong phú sơ khởi của những *protons* và *neutrons* sinh ra trong một cái gì rất gần với tỉ trọng được quan sát của vật chất trong thiên hà hiển thị ngày nay, và một tỉ trọng của bức xạ có thể để lại một tàn dư tương ứng chính xác với cường độ được quan sát của bức xạ hậu cảnh vi ba vũ trụ ngày nay, nếu những phản ứng nguyên tử xảy ra có thể sinh ra chính độ phong phú của các yếu tố nhẹ, *hydrogen*, *deuterium*, *helium*, và *lithium*, mà chúng ta suy diễn đã bao gồm những cấu tố (building blocks) căn bản của những tinh tú hiện đầy rẫy trong bầu trời ban đêm.

Theo Einstein, chỉ có một Thượng Đế rất hiểm ác (very malicious God) - nghĩa là khó tưởng tượng nổi - mới có thể đã âm mưu tạo ra một vũ trụ rõ ràng chỉ đến một nguồn gốc *Big Bang* không bao giờ xảy ra.

Thực vậy, khi sự phù hợp sơ khởi giữa độ phong phú giả đoán của *helium* trong vũ trụ với độ phong phú được tiên đoán của *helium* phát xuất từ một *Big Bang* lần đầu tiên được chứng minh vào thập niên 1960, đó là một trong những đơn âm vi tính (*bit*) căn bản của những dữ kiện vốn đã giúp bức tranh về *Big Bang* chiến thắng trong mô hình ổn định rất phổ biến bấy giờ về vũ trụ do Fred Hoyle và những đồng nghiệp của ông đề xướng.

Tuy nhiên, trong tương lai mọi thứ sẽ hoàn toàn khác, những tinh tú đốt cháy *hydrogen*, sinh ra *helium*, chẳng hạn. Ngay bây giờ, chỉ khoảng 15% của tất cả *helium* được quan sát trong vũ trụ có thể đã được sinh ra bởi những tinh tú trong thời gian kể từ khi *Big Bang* - một lần nữa, đây là một bằng chứng cho thấy phải có một *Big Bang* để tạo ra những gì chúng ta nhìn thấy. Nhưng trong tương lai xa, điều nầy không được nữa, vì nhiều thế hệ tinh tú hơn nữa có thể sẽ sinh ra và chết đi.

Khi vũ trụ được khoảng một ngàn tỉ năm, chẳng hạn, rất nhiều *helium* hơn có thể sẽ được sinh ra trong các tinh tú so với số lượng có từ *Big Bang*. Tình trạng nầy được trình bày trong đồ hình dưới đây:

Khi 60% vật chất hiển thị trong vũ trụ bao gồm chất *helium*, sẽ không cần tạo ra *helium* sơ khai (primordial *helium*) trong một *Big Bang* nóng để tạo ra sự phù hợp với những quan sát. Tuy nhiên, những nhà quan sát và lý thuyết gia trong một số nền văn minh trong tương lai xa sẽ có thể xử dụng những dữ kiện nầy để suy đoán rằng vũ trụ đã phải có một tuổi hữu hạn. Vì tinh tú đốt cháy *hydrogen* thành *helium*, sẽ có một giới hạn thượng biên (upper limit) trên thời gian tồn tại của tinh tú để khỏi tiêu hao tỉ lệ giữa *hydrogen* và *helium*.

Như thế, những khoa học gia tương lai sẽ ước tính rằng tuổi vũ trụ trong đó họ sống là không đến một ngàn tỉ năm. Nhưng người ta sẽ thiếu đi bất kỳ một ký tích trực tiếp nào (direct signature) cho thấy thời kỳ ban sơ có dính dáng đến *Big Bang*, thay vì một loại sáng thế bột phát khác của thiên hà hay siêu thiên hà độc nhất của chúng ta.

Big Bang
Right after nucleosynthesis

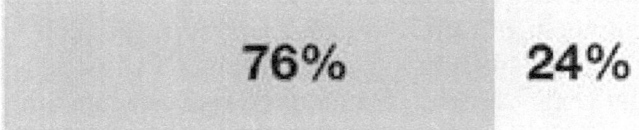

Present Day
Abundances in the sun

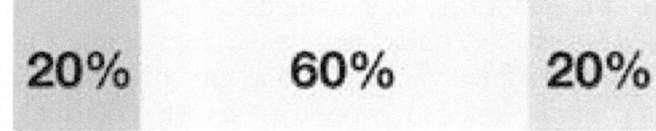

1 Trillion Years
A heavy future

| 20% | 60% | 20% |

- Hydrogen
- Helium
- Elements heavier than Helium

Xin nhớ rằng Lemaître đưa ra lời tuyên bố của ông về một *Big Bang* thuần túy trên căn bản suy luận về tổng thuyết tương đối của Einstein. Chúng ta có thể giả định rằng bất kỳ một nền văn minh tiên tiến nào trong tương lai xa cũng sẽ khám phá ra những định luật vật lý, điện từ, cơ học lượng tử, và tổng thuyết tương đối.

Do đó, liệu sẽ có một Lemaître của tương lai xa có thể đưa ra một tuyên bố tương tự? Kết luận của Lemaître là tất yếu khi cho rằng vũ trụ của chúng ta đã phải bắt đầu tại một *Big Bang*, nhưng kết luận đó được dựa trên một giả định sẽ không đúng đối với vũ trụ hiển thị của tương lai xa. Một vũ trụ với vật chất trải ra đồng đều trong mọi phương hướng, một vũ trụ đồng phương (isotropic) và đồng loại (homogeneous), không thể đứng yên một chỗ, vì những lý do mà Lemaître và cuối cùng là Einstein đã nhìn nhận. Tuy nhiên, có một lời giải tuyệt vời cho những phương trình của Einstein đối với một hệ thống lớn lao đơn nhất được vây quanh bởi một không gian tĩnh lý ra là trống. Tựu trung, nếu một lời giải như thế không có thì tổng thuyết tương đối sẽ không thể mô tả những vật thể lẻ loi như những tinh tú *neutron* hay, cuối cùng là những hố đen (*black holes*).

Những phân phối lớn về trọng khối như thiên hà của chúng ta vốn không ổn định, cho nên cuối cùng thiên hà hay siêu thiên hà của chúng ta tự nó sẽ sụp đổ để tạo thành một hố đen khổng lồ. Điều nầy được mô tả bởi một lời giải tĩnh (static solution) cho phương trình của Einstein mệnh danh là lời giải Schwarzschild. Nhưng khung thời gian cho thiên hà của chúng ta sụp đổ để tạo ra một hố đen không lồ lại dài hơn nhiều so với khung thời gian để cho phần còn lại của vũ trụ biến mất. Như thế, những khoa học gia tương lai đương nhiên có thể tưởng tượng rằng thiên hà của chúng ta có thể đã hiện hữu một ngàn tỉ năm trong không gian trống mà không bị sụp đổ đáng kể và không đòi hỏi một vũ trụ bành trướng chung quanh nó.

Đương nhiên, những luận đoán về tương lai quả là quá khó. Thực vậy, Krauss đang viết điều nầy trong khi dự Hội Thảo World Economic Forum ở Davos, Thụy Sỹ, với bao nhiêu kinh tế gia luôn luôn tiên đoán sự hành xử của những thị trường tương lai và xem xét lại những tiên đoán của họ khi họ thấy rằng họ quá sai. Một cách tổng quát hơn, ông nhận thấy bất kỳ tiên đoán nào về tương lai xa hay ngay cả tương lai không xa mấy của khoa học kỹ thuật thậm chí còn thô thiển hơn cả những tiên đoán của "khoa học kinh dị (dismal science)." Thực vậy, bất kỳ khi nào được hỏi về tương lai gần của khoa học hay một đột phá lớn sắp tới, ông luôn luôn trả lời rằng, nếu tôi biết, thì tôi sẽ ra sức làm ngay bây giờ!

Như thế, ông thích suy nghĩ về bức tranh mà ông đã trình bày trong chương nầy như là một cái gì tương tự như bức tranh của tương lai được tượng trưng bởi con ma thứ ba trong truyện *A Christmas Carol* của Charles Dickens. Đây là tương lai *khả thể*. Tựu trung, vì chúng ta không hiểu được năng lượng đen trong không gian trống là gì, nên chúng ta cũng không thể chắc chắn là nó sẽ hành xử giống như hằng số vũ trụ của Einstein và có tiếp tục là một hằng số hay không. Nếu không như thế thì tương lai của vũ trụ có thể sẽ khác hẳn. Sự bành trướng có thể không tiếp tục tăng tốc, mà ngược lại có thể chậm lại một lần nữa qua thời gian, nên các thiên hà xa sẽ không biến mất. Thay vì thế, có lẽ sẽ có một số định lượng mới có thể quan sát được mà chúng ta chưa có thể thám sát nhưng chúng có thể cung ứng cho những nhà thiên văn học tương lai bằng chứng cho rằng có thời kỳ đã có một *Big Bang*.

Tuy nhiên, dựa trên mọi thứ mà chúng ta biết về vũ trụ ngày nay, tương lai mà chúng ta trải ra là tương lai khả thể nhất, và quả kỳ diệu khi tự hỏi liệu luận lý, lý trí, và những dữ kiện thực nghiệm, bằng một cách nào đó, còn có thể giúp các khoa học gia tương lai suy đoán bản chất cơ bản chính xác của vũ trụ của chúng ta, hay liệu nó sẽ mãi mãi mờ mịt phía sau chân trời. Một số khoa học gia xuất sắc tương lai chuyên về bản chất nền tảng của những lực và đơn tử có thể đưa ra một bức tranh ly thuyết cho rằng sự trương nở đã phải xảy ra, hay phải có một năng lượng trong không gian trống có thể giúp giải thích xa hơn tại sao không có những thiên hà bên trong chân trời hiển thị. Nhưng Krauss không lạc quan về chuyện đó.

Chung quy, vật lý là một khoa học thực nghiệm, thúc đẩy bởi thực nghiệm và quan sát. Nếu chúng ta không luận đoán sự hiện hữu của năng lượng đen, thì Krauss hồ nghi chuyện lý thuyết gia nào có thể đủ táo bạo để đề xướng sự hiện hữu của nó ngày nay. Và trong lúc còn có thể tưởng tượng những ký tích giả định có thể gợi ra một cái gì sai với bức tranh về một thiên hà đơn độc trong một vũ trụ tĩnh không có *Big Bang* - có lẽ một quan sát nào đó về những độ phong phú yếu tố (elemental abundances) tỏ ra tương đồng (anomalous) - ông cho rằng nguyên lý Occam (Occam's razor) sẽ cho thấy rằng bức tranh đơn giản nhất là bức tranh đúng, và những quan sát tương đồng có thể được giải thích bởi một số hệ quả địa phương.

Từ khi Krauss và Bob Scherrer đưa ra thách thức cho rằng những khoa học gia tương lai sẽ xử dụng những dữ kiện và những mô hình giả tạo - chính biểu mẫu (paragon) của khoa học đích thực - (nhưng trong quá trình đó, họ sẽ đi đến một bức tranh sai về vũ trụ), nhiều người trong số những đồng nghiệp của ông đã cố đề xuất những phương cách chứng minh rằng vũ trụ thực sự bành trướng trong tương lai. Ông cũng có thể tưởng tượng ra những thử nghiệm. Nhưng ông không thể thấy động cơ nào chính đáng để làm thế.

Ví dụ, bạn sẽ cần phải rút những sao sáng ra khỏi thiên hà của chúng ta và đưa chúng vào không gian, đợi khoảng một tỉ năm cho chúng nổ, và cố quan sát phương tốc lùi (recession velocities) của chúng như là một hàm số của khoảng cách mà chúng đạt được trước khi chúng phát nổ để thử xem chúng có nhận được một tác động nào do sự bành trướng của không gian hay không. Một dự án quá lớn, nhưng cho dù bạn có thể tưởng tượng kéo những sao đó ra bằng một cách nào đi nữa thì cũng không thể thấy có Cơ Quan Khoa Học Quốc Gia (National Science Foundation) của tương lai thực sự tài trợ thử nghiệm nếu không có ít nhất một động cơ nào khác hỗ trợ cho một vũ trụ bành trướng. Và nếu, bằng cách nào đó, những tinh tú trong các thiên hà tự nhiên bị đẩy ra và có thể phát hiện được khi chúng di chuyển về phía chân trời, thì không rõ việc quan sát một tăng tốc tương đồng (anomalous acceleration) của một số thiên thể nầy có được diễn dịch theo tinh thần của một đề xuất lạ lùng và táo bạo như thế như là một vũ trụ bành trướng do năng lượng đen khống chế hay không.

Chúng ta có thể tự cho mình là may mắn đang sống trong hiện tại. Hay, như Krauss và Bob đã nói trong một tài liệu mà ông đã viết: "Chúng ta sống tại một thời đại rất đặc biệt ... thời đại duy nhất khi chúng ta có thể kiểm chứng bằng quan sát rằng chúng ta đang sống tại một thời đại rất đặc biệt!"

Chúng ta hơi hài hước đôi chút, nhưng phải bình tĩnh thấy rằng người ta có thể xử dụng những dụng cụ quan sát và những dụng cụ lý thuyết tốt nhất mà vẫn chỉ đạt được một bức tranh hoàn toàn giả tạo về vũ trụ trên quy mô lớn.

Tuy nhiên, Krauss sẽ cho thấy rằng, cho dù những dữ kiện không hoàn chỉnh có thể đưa đến một bức tranh sai đi nữa, thì điều đó cũng khác xa với bức tranh (giả) của những ai cố tình bỏ qua những dữ kiện thực nghiệm để phát minh một bức tranh sáng thế giả định có thể phản chứng bằng cớ của thực tế, hay, ngược lại, những ai đòi hỏi phải có sự hiện hữu của một cái gì không thể chứng minh bằng một bằng chứng nào cả (như đấng thiêng liêng) để dung hòa quan điểm sáng thế của họ với những thiên kiến tiên nghiệm (a priori prejudices), hay tệ hại hơn, những ai bám vào những chuyện thần tiên về thiên nhiên vốn phỏng đoán những câu trả lời thậm chí trước khi có câu hỏi. Ít ra các khoa học gia của tương lai sẽ đặt những ước đoán của họ trên nền tảng của bằng chứng tốt nhất mà họ có được, nhìn nhận rằng, như chúng ta hay ít ra như những khoa học gia vẫn làm, bằng chứng mới có thể khiến chúng ta thay đổi bức tranh căn bản của chúng ta về thực tại.

Trên phương diện nầy, cũng nên nói thêm rằng có lẽ chúng ta thậm chí còn thiếu một cái gì ngày nay lý ra đã có thể quan sát được nếu chúng ta chỉ cần sống 10 tỉ năm trước hay ước gì chúng ta sống vào 100 tỉ năm trong tương lai. Tuy nhiên, cũng nên nhấn mạnh rằng bức tranh *Big Bang* dựa quá sâu trên những dữ kiện từ mọi thời đại nên không thể bị chứng minh là vô giá trị trong tổng thể. Nhưng một số nhận thức tinh tế mới về những chi tiết tế nhị của quá khứ xa hay tương lai xa, hay về nguồn gốc của *Big Bang* và tính độc nhất có thể có của nó trong không gian, có thể dễ dàng sát nhập với những dữ kiện mới. Thực vậy, Krauss hy vọng là thế. Một bài học mà chúng ta có thể rút ra từ sự kết liễu mai kia của sự sống và trí khôn trong vũ trụ là: về phương diện vũ trụ học, chúng ta cần khiêm tốn đôi chút khi đưa ra những tuyên bố, cho dù điều đó hơi khó đối với các nhà vũ trụ học.

Dù sao đi nữa, viễn cảnh mà Krauss đã mô tả cũng có một đối xứng thơ mộng nào đó, cho dù nó cũng bi đát không kém. Xa trong tương lai, các khoa học gia sẽ rút ra một bức tranh về vũ trụ có khả năng gợi lại chính bức tranh mà chúng ta đã có vào đầu thế kỷ vừa qua, vốn tự nó đã phục vụ như một xúc tác cho những truy cứu dẫn đến cuộc cách mạng hiện đại trong vũ trụ học. Vũ trụ học có thể sẽ đi theo vòng tròn. Krauss trong số những người thấy điều đó là lý thú, cho dù nó nêu bật điều mà một số người có thể xem như là sự phù phiếm tối hậu của khoảng khắc ngắn ngủi của chúng ta trong ánh sáng mặt trời.

Bất luận thế nào, vấn đề căn bản được minh họa bởi sự kết liễu có thể xảy ra trong tương lai của vũ trụ học là: chúng ta chỉ có một vũ trụ để thử nghiệm - vũ trụ mà chúng ta đang sống. Trong khi phải thử nếu chúng ta hy vọng tìm hiểu những gì chúng ta quan sát bây giờ đã xảy ra thế nào trước kia, chúng ta lại bị giới hạn cả trong những gì chúng ta có thể đo lường lẫn trong những diễn dịch của chúng ta về các dữ kiện.

Nếu có nhiều vũ trụ hiện hữu, và nếu chúng ta bằng cách nào đó có thể thăm dò từ hai vũ trụ trở lên, thì chúng ta có thể có được một may mắn lớn hơn để biết những quan sát nào thực sự có ý nghĩa và căn bản và quan sát nào chỉ xuất hiện như là một ngẫu nhiên của hoàn cảnh.

Như rồi đây chúng ta sẽ thấy, trong khi khả thể thứ nhì là khó có thể có, khả thể thứ nhất không phải là không có thể có, và các khoa học gia đang đi tới với những thử nghiệm mới và những đề xuất mới để cải tiến nhận thức của chúng ta về những đặc tính lạ lùng và bất ngờ của vũ trụ của chúng ta.

Hư không

Tuy nhiên, trước khi đi tiếp, có lẽ nên kết thúc với một bức tranh khác, thi vị hơn về tương lai khả thể đã được trình bày ở đây và một bức tranh đặc biệt liên quan đến đề tài của cuốn sách nầy. Bức tranh đó có được là do đáp ứng của Christopher Hitchen trước viễn cảnh mà tôi đã mô tả. Theo lời ông,

"Đối với những ai thấy đó là kỳ diệu nếu chúng ta sống trong một vũ trụ của Một Cái Gì (Something), những người đó cứ chờ xem. Hư không (Nothingness) đang lao thẳng đến chúng ta!"

Chương VIII
Đại Ngẫu nhiên?

Một khi bạn giả định có một đấng sáng tạo và một kế hoạch, đó chẳng khác nào biến con người thành những vật thể dùng cho một thí nghiệm tàn bạo trong đó chúng ta được tạo ra như những con bệnh được lệnh phải bình phục.
- Christopher Hitchens

Tổng Quát

Chúng ta được thiết kế để nghĩ rằng những gì xảy ra cho chúng ta đều đáng kể và có ý nghĩa (significant and meaningful). Chúng ta nằm mơ thấy một người bạn gãy một cánh tay, và ngày hôm sau chúng ta thấy người đó lọi mắt cá. Ôi chao! Vũ trụ! Sáng suốt? Vật lý gia Richard Feynman thường thích nói với mọi người: "Bạn sẽ không tin những gì đã xảy ra cho tôi hôm nay! Dứt khoát bạn sẽ không tin!" Và khi hỏi cái gì đã xảy ra, ông ta thường nói, "Chả có cái gì cả!" Khi nói thế ông ta gợi ý rằng, khi một cái gì đó như giấc mơ vừa đề cập ở trên xảy ra, người ta quy một ý nghĩa cho nó. Nhưng họ quên đi hằng hà sa số giấc mơ vô nghĩa trước đó vốn tuyệt đối không báo trước một cái gì cả.

Vì quên rằng, trong phần lớn thời gian, không có gì đáng chú ý xảy ra trong ngày nên chúng ta đọc sai bản chất của xác suất (probability) khi có một cái gì đó bất thường xảy ra: Trong số khá nhiều biến cố xảy ra, một cái gì bất thường sẽ phải xảy ra chỉ vì ngẫu nhiên. Điều nầy áp dụng vào vu trụ thế nào?

Chương VIII: Đại Ngẫu Nhiên

Người ta khám phá ra rằng, điều không thể giải thích được, năng lượng của không gian trống không những khác không (non-zero), mà còn mang một trị số có 120 trật tự độ lớn (120 orders of magnitude) nhỏ hơn ước tính đã mô tả dựa trên những khái niệm về đơn tử mà vật lý cho thấy. Trước đó tri thức cổ điển trong giới vật lý vẫn nghĩ rằng mọi thông số (parameters) căn bản mà chúng ta đã đo lường trong thiên nhiên đều có ý nghĩa (significant). Điều cần được nói ở đây là, bằng cách nào đó, dựa trên những nguyên lý căn bản, cuối cùng chúng ta có thể hiểu được những điều như tại sao trọng lực lại yếu hơn nhiều so với những lực khác trong thiên nhiên, tại sao *proton* lại nặng hơn *electron* 2,000 lần, và tại sao lại có ba hệ đơn tử căn bản (elementary particles). Nói cách khác, một khi chúng ta đã hiểu được những định luật căn bản về những lực trong thiên nhiên, trên những quy mô nhỏ nhất (smallest scales), tất cả những bí mật hiện có nầy sẽ được phơi bày như những hậu quả tự nhiên của những định luật nầy.

Mặt khác, một luận cứ thuần túy tôn giáo có thể đưa vấn đề ý nghĩa đến cực độ bằng cách cho rằng mọi hằng số căn bản đều có ý nghĩa vì Thường Đế giả định đã quyết định cho mỗi hằng số đó có cái giá trị mà nó có như một phần của một kế hoạch thiêng liêng cho vũ trụ của chúng ta. Trong trường hợp nầy, không có cái gì là ngẫu nhiên cả, nhưng đồng thời, cũng không có cái gì được tiên đoán hay thực sự được giải thích. Đó là một lập luận võ đoán không đi đến đâu và không đưa ra một cái gì hữu ích liên quan đến những định luật vật lý về vũ trụ, ngoại trừ nhằm mục đích củng cố niềm tin nơi các tín đồ.

Không gian trống

Nhưng sự khám phá không gian trống có năng lượng đã bắt đầu một cuộc xét lại trong tư duy giữa nhiều vật lý gia liên quan đến những gì tất yếu trong thiên nhiên và những gì có thể là ngẫu nhiên.

Chất xúc tác cho xu hướng tổng thể (gestalt) nầy bắt nguồn từ lập luận đã được trình bày trong chương vừa qua: năng lượng đen là có thể đo lường được ngày nay vì "bây giờ" là thời kỳ duy nhất trong lịch sử vũ trụ khi năng lượng trong không gian trống có thể được so sánh với tỉ trọng năng lượng trong vật chất.

Tại sao chúng ta có thể sống vào một thời kỳ "đặc biệt" trong lịch sử vũ trụ? Thực vậy, điều nầy rõ ràng trong mọi thứ đã tạo nên đặc tính của khoa học từ thời Copernicus. Chúng ta đã học được rằng trái đất không phải là trung tâm của Thái Dương Hệ và mặt trời là một tinh tú nằm trên những ngoại biên lẻ loi của một thiên hà vốn chỉ là một trong số 400 tỉ thiên hà trong vũ trụ hiển thị. Chúng ta cuối cùng đã chấp nhận "nguyên lý Copernicus" cho rằng không có gì đặc biệt về vị trí và thời gian của chúng ta trong vũ trụ cả.

Nhưng với năng lượng trong không gian trống là như thế, chúng ta quả có vẻ đang sống trong một thời kỳ đặc biệt. Điều nầy được minh họa tốt nhất bằng đồ hình sau đây của một "sơ yếu lý lịch của thời gian (brief history of time)."

Brief history of time

Hai đường biểu diễn tượng trưng cho tỉ trọng năng lượng của tất cả vật chất trong vũ trụ, và tỉ trọng năng lượng của không gian trống (giả định đó là một hằng số vũ trụ) như là một hàm số của thời gian. Như bạn thấy, tỉ trọng của vật chất giảm xuống, khi vũ trụ bành trướng - khi khoảng cách giữa các thiên hà trở nên mỗi lúc một lớn và do đó vật chất bị "hòa tan (diluted)" - đúng như ước đoán. Tuy nhiên, tỉ trọng năng lượng trong không gian trống vẫn còn cố định, vì, có thể nói, với không gian trống không có cái gì để hòa

Chương VIII: Đại Ngẫu Nhiên

tan cả! (Hay, theo mô tả đứng đắn hơn, vũ trụ thực sự tác động trên không gian trống khi nó bành trướng.)

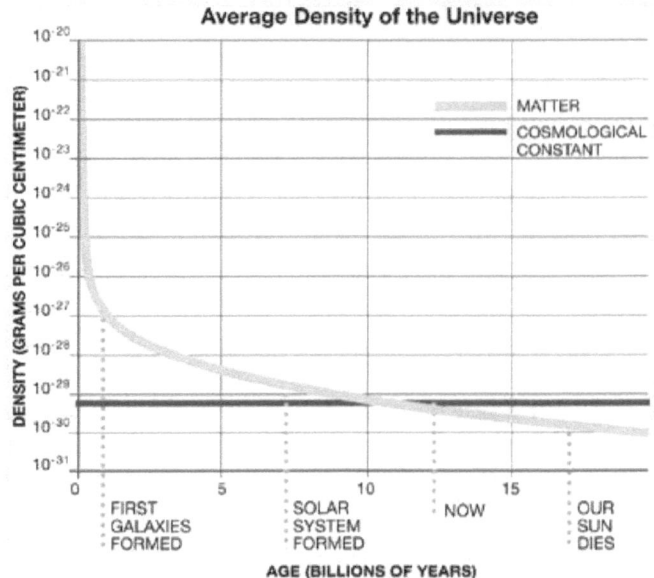

Hai đường biểu diễn giao nhau tương đối gần với thời kỳ hiện tại, nguồn gốc của sự trùng hợp lạ lùng đã được mô tả.

Bây giờ thử xem xét những gì sẽ xảy ra nếu năng lượng trong không gian trống khoảng 50 lần lớn hơn trị số mà chúng ta ước đoán ngày nay. Sau đó hai đường biểu diễn sẽ giao nhau tại một thời điểm khác sớm hơn, như trong hình bên dưới.

Thời gian mà hai đường biểu diễn đi qua trị số lớn ở bên trên của năng lượng trong không gian trống chính là thời gian mà những thiên hà thành hình lần đầu tiên, khoảng một tỉ năm sau *Big Bang*. Nhưng xin nhớ rằng năng lượng trong không gian trống là ly lực (gravitationally repulsive).

Chương VIII: Đại Ngẫu Nhiên

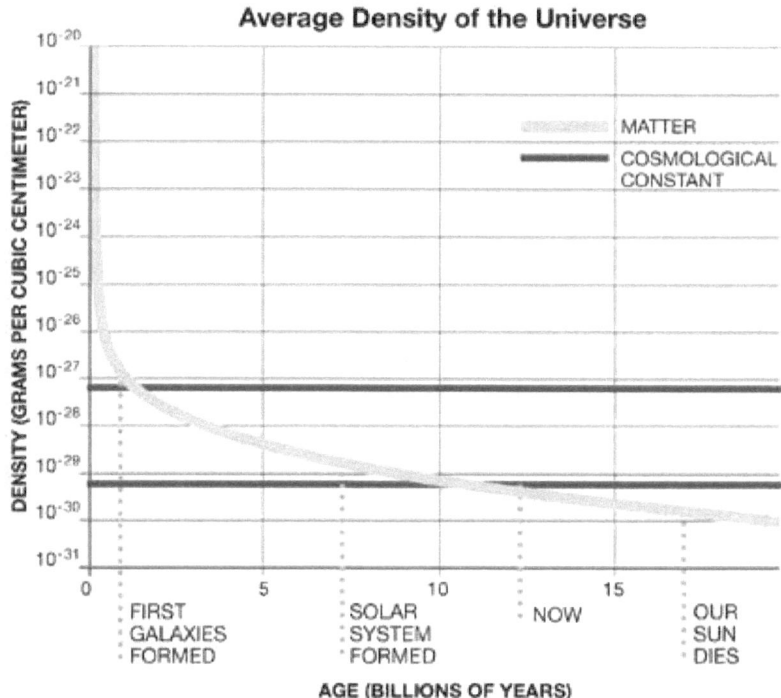

Nếu nó khống chế được năng lượng của vũ trụ trước khi thiên hà thành hình thì ly lực của năng lượng nầy có thể đã mạnh hơn trọng lực vốn làm cho vật chất tụ nhau lại. Và những thiên hà có thể chẳng bao giờ thành hình được!

Nhưng nếu những thiên hà không thành hình thì những tinh tú có thể đã không thành hình. Và nếu những tinh tú không thành hình thì những hành tinh có thể đã không thành hình. Và nếu những hành tinh không thành hình thì những nhà thiên văn có thể đã không thành hình!

Như thế, trong một vũ trụ với một năng lượng của không gian trống chỉ 50 lần lớn hơn vũ trụ mà chúng ta quan sát, rõ ràng không một ai có thể sống sót ngày nay để cố đo lường năng lượng.

Vấn đề ngẫu nhiên

Điều nầy có thể nói với chúng ta cái gì? Ngay sau khi vũ trụ tăng tốc của chúng ta được khám phá, dựa trên một lập luận đã được Krauss triển khai hơn một thập niên trước đó - trước khi khám phá ra năng lượng đen - vật lý gia Steven Weinberg đề nghị rằng "Vấn đề ngẫu nhiên (Coincidence Problem)" như thế có thể được giải quyết nếu trị số của hằng số vũ trụ mà chúng ta đo lường ngày nay có lẽ đã được lựa chọn theo quan điểm vị nhân (anthropically) nào đó. Nghĩa là, nếu bằng một cách nào đó, có nhiều vũ trụ, và trong mỗi vũ trụ năng lượng trong không gian trống tùy tiện nhận một giá trị dựa trên một phân bố xác suất (probability distribution) nào đó giữa tất cả những năng lượng khả thể, thì chỉ trong những vũ trụ nào trong đó giá trị không khác biệt lắm với giá trị mà chúng ta đo lường thì sự sống như chúng ta biết mới có thể tiến hóa được. Do đó, có thể chúng ta tự thấy mình trong một vũ trụ với năng lượng bé nhỏ trong không gian trống vì chúng ta không thể tự thấy mình trong một vũ trụ với một giá trị lớn hơn nhiều. Nói cách khác, không mấy ngạc nhiên khi thấy rằng chúng ta sống trong một vũ trụ mà chúng ta có thể sống!

Tuy nhiên, lập luận nầy chỉ có nghĩa về mặt toán học nếu có thể có nhiều vũ trụ khác nhau đã ra đời. Nói rằng có nhiều vũ trụ khác nhau có thể nghe giống như mâu thuẫn. Chung quy, theo truyền thống, khái niệm về vũ trụ đã trở thành đồng nghĩa với "mọi thứ có thể có (everything that exists)."

Tuy nhiên, gần đây hơn, vũ trụ cuối cùng đã có một ý nghĩa đơn giản hơn, có thể nói là nhạy cảm hơn. Bây giờ người ta thường nghĩ về vũ trụ "của chúng ta" như đơn thuần bao gồm tất cả những gì mà chúng ta hiện có thể nhìn thấy và tất cả những gì mà lúc nào chúng ta cũng có thể nhìn thấy. Do đó về mặt vật lý, vũ trụ của chúng ta bao gồm mọi thứ và mọi thứ đó hoặc có thể đã từng có một hệ quả trên chúng ta hoặc có lúc sẽ như thế.

Ngay giây phút người ta lựa chọn định nghĩa nầy về vũ trụ, khả thể của những "vũ trụ" khác - tức những vùng vốn luôn luôn hiện hữu và sẽ luôn luôn tùy tiện tách rời chúng ta, như những hòn đảo mất hết mọi truyền thông với nhau vì một đại dương không gian - trở nên khả thể, ít nhất trên nguyên tắc.

Đa Vũ Trụ

Vũ trụ của chúng ta quá bao la nên, như Krauss từng nhấn mạnh, một cái gì đó vốn không thể có lại được tiềm tàng bảo đảm đã xảy ra trong đó. Những biến cố hiếm hoi xảy ra mọi lúc. Bạn có thể tự hỏi phải chăng cùng nguyên tắc đó cũng được áp dụng cho khả thể của nhiều vũ trụ, hay một đa vũ trụ (multiverse), như khái niệm quen thuộc ngày nay. Hóa ra hoàn cảnh lý thuyết thực sự dứt khoát mạnh hơn là một khả thể. Ngày nay nhiều khái niệm trung tâm vốn lôi kéo nhiều hoạt động hiện thời vào lý thuyết đơn tử có vẻ đòi hỏi một đa vũ trụ.

Tôi muốn nhấn mạnh điều nầy, vì, khi bàn cãi với những người cảm thấy cần phải có một đấng tạo hóa, sự hiện hữu của một đa vũ trụ được xem như là một lẫn tránh được bịa ra bởi những vật lý gia đã hết cách trả lời - hay có lẽ hết câu hỏi. Điều đó chung quy có thể là đúng, nhưng bây giờ thì không. Hầu hết mọi khả thể mà chúng ta có thể tưởng tượng được liên quan đến việc nới rộng những định luật vật lý thành một lý thuyết hoàn chỉnh hơn trên những quy mô nhỏ như chúng ta biết cho thấy rằng, trên những quy mô nhỏ, vũ trụ của chúng ta không phải là độc nhất.

Hiện tượng trương nở

Hiện tượng trương nở có lẽ cung ứng luận lý đầu tiên và có lẽ là luận lý tốt nhất. Trong bức tranh về trương nở, trong giai đoạn một năng lượng khổng lồ tạm thời khống chế một vùng nào đó của vũ trụ, vùng nầy bắt đầu bành trướng theo cấp số mũ. Tại một điểm nào đó, một vùng nhỏ bên trong một "chân không giả tạo (false vacuum)" nầy có thể ra khỏi sự trương nở khi xảy ra một chuyển pha (phase transition) bên trong vùng, và trường (field) bên trong nó xả áp (relax) thành trị số năng lượng thực và thấp hơn của nó; sự bành trướng bên trong vùng nầy sau đó sẽ ngưng cấp số mũ. Nhưng không gian giữa những vùng như thế sẽ tiếp tục bành trướng theo cấp số mũ. Tại bất kỳ thời điểm nào, ngoại trừ sự chuyển pha hoàn thành qua tất cả không gian, hầu hết mọi không gian đều nằm bên trong vùng bành trướng. Và vùng bành trướng sẽ tách rời những vùng nào đầu tiên ra khỏi sự bành trướng với những khoảng cách gần như không đo lường được. Đó giống như nham thạch tràn ra từ núi lửa. Một số đá sẽ nguội và cứng lại, nhưng những đá đó sẽ bị kéo xa ra nhau khi chúng trôi trên một đại dương của nham thạch lỏng.

Hoàn cảnh có thể thậm chí còn khốc liệt hơn. Năm 1986, Andrei Linde, bên cạnh Alan Guth, từng là một trong những kiến trúc sư trưởng của thuyết bành trướng hiện đại, đã thăng tiến và thăm dò một viễn cảnh có thể thậm chí còn tổng quát hơn. Theo một nghĩa nào đó, điều nầy cũng được tiên liệu bởi một nhà vũ trụ học người Nga rất sáng tạo ở Hoa Kỳ, Alex Vilenkin. Linde và Vilenkin cả hai đều có lòng tự tin mà người ta tìm thấy nơi nhưng vật lý gia người Nga, nhưng lịch sử của họ lại hoàn toàn khác nhau. Linde phát triển trong định chế vật lý Xô Viết cũ trước khi di cư sang Hoa Kỳ khi Liên Xô sụp đổ. Hăng say, xuất sắc, và vui tính, ông đã tiếp tục không chế nhiều lãnh vực của vũ trụ học đơn tử lý thuyết lúc giao thời. Vilenkin đã di cư trước đó lâu hơn, trước khi trở thành vật lý gia, và làm việc

Chương VIII: Đại Ngẫu Nhiên

ở Hoa Kỳ với nhiều công việc khác nhau khi đi học, kể cả nghề bảo vệ ban đêm. Và trong khi luôn luôn quan tâm đến vũ trụ học, ông lại vô tình chọn sai trường khi theo học chương trình hậu đại học và cuối cùng làm một luận án về vật lý vật chất rắn (condensed matter physics) - tức vật lý về vật liệu (physics of materials). Sau đó ông kiếm được một việc làm nghiên cứu hậu tiến sỹ tại Đại Học Case Western Reserve, nơi về sau ông trở thành trưởng khoa. Trong thời gian nầy, ông hỏi Philip Taylor, thượng cấp trực tiếp của ông, liệu ông có thể bỏ ra một vài ngày trong tuần để nghiên cứu về vũ trụ học bên cạnh những dự án được giao phó của ông hay không. Philip về sau nói với Krauss rằng, ngay cả với công việc bán thời gian đó, Alex là nghiên cứu sinh hậu tiến sỹ sản tạo nhất chưa từng thấy.

Trường hợp nào đi nữa, đây là những gì Linde đã nhìn nhận: trong khi những dao động lượng tử trong bành trướng thường có thể đẩy trường ảnh hưởng của bành trướng về tình trạng năng lượng thấp nhất của nó, và như thế cung ứng một lối thoát duyên dáng, luôn luôn có khả năng là, trong một số vùng, những dao động lượng tử sẽ kéo trường về phía những năng lượng còn cao hơn thế, và do đó đi ra khỏi những trị số trong đó bành trướng sẽ chấm dứt, cho nên bành trướng sẽ tiếp tục mạnh. Vì những vùng như thế sẽ bành trướng trong những giai đoạn dài hơn, sẽ có nhiều không gian bành trướng hơn là không gian không bành trướng. Bên trong những vùng nầy, những dao động lượng tử một lần nữa sẽ khiến một số vùng phụ (sub-regions) ra khỏi bành trướng và như thế sẽ ngưng bành trướng theo cấp số mũ, nhưng một lần nữa sẽ có những vùng trong đó những dao động lượng tử sẽ khiến bành trướng tiếp tục thậm chí lâu hơn. Và cứ thế tiếp tục.

Trương nở hỗn loạn
Bức tranh nầy, mà Linde gọi là "trương nở hỗn loạn (chaotic inflation)," thực ra trông giống những hệ thống

quen thuộc hơn trên trái đất. Như cháo bột (oatmeal) đang sôi, chẳng hạn. Tại bất kỳ điểm nào mà một bong bóng hơi có thể nổ ra từ bề mặt, phản ảnh những vùng trong đó chất lỏng ở nhiệt độ cao hoàn thành một chuyển pha để tạo ra hơi nước. Nhưng giữa những bong bóng đó, cháo bột cứ sôi sục và chảy đi. Trên những quy mô lớn thì có sự đều đặn (regularity) - luôn luôn có những bong bóng nổi lên một nơi nào đó. Nhưng ở từng địa phương, mọi thứ đều khác hẳn tùy theo người ta nhìn ở đâu. Như thế đúng là trong một vũ trụ bành trướng hỗn loạn. Nếu chúng ta tình cờ ở trong một "bong bóng" của trạng thái nguội (ground state) thực sự đã ngưng bành trướng, thì vũ trụ của chúng ta sẽ có vẻ rất khác với phần lớn không gian chung quanh nó, vốn sẽ vẫn bành trướng.

Trong bức tranh nầy, bành trướng là vĩnh viễn. Một số vùng, thực ra là phần lớn không gian, sẽ mãi mãi bành trướng. Những vùng nào ra khỏi bành trướng sẽ trở thành những vũ trụ tách biệt, hoàn toàn mất hết liên kết. Krauss muốn nhấn mạnh rằng một đa vũ trụ là tất yếu nếu bành trướng là vĩnh viễn, và sự bành trướng vĩnh viễn là khả thể lớn nhất trong hầu hết, nếu không nói là tất cả, những viễn cảnh bành trướng. Như Linde đã nói trong tài liệu của ông năm 1986:

Câu hỏi từ lâu "tại sao vũ trụ của chúng ta là vũ trụ khả thể duy nhất" hiện được thay thế bởi câu hỏi cho thấy khả thể của những lý thuyết về hiện hữu của những tiểu vũ trụ (mini-universes) theo kiểu của chúng ta. Câu hỏi nầy vẫn còn rất khó, nhưng vẫn dễ hơn nhiều so với câu hỏi trước. Theo ý kiến của chúng tôi, sự thay đổi quan điểm về cơ cấu toàn bộ của vũ trụ và vị trí của chúng ta trên thế giới là một trong những hậu quả quan trọng của sự phát triển của viễn cảnh vũ trụ bành trướng.

Như Linde đã nhấn mạnh, và nói rõ từ đó, bức tranh nầy cũng cung ứng một khả thể mới cho vật lý. Rất có thể có nhiều trạng thái lượng tự mang năng lượng thấp của vũ trụ hiện diện trong thiên nhiên để cho một vũ trụ bành trướng cuối cùng có thể suy hoại vào đó. Vì thiết trí (configuration) của những trạng thái lượng tử của những trường nầy sẽ khác nhau trong mỗi vùng như thế, đặc tính của những định luật căn bản của vật lý trong mỗi vùng/vũ trụ như thế có thể có vẻ khác nhau.

Ở đây nổi lên viễn cảnh (landscape) đầu tiên trong đó lập luận vị nhân (anthropic argument) được đề cập trước đây có thể được đem ra áp dụng. Nếu có nhiều trạng thái khác nhau trong đó vũ trụ có thể đi đến sau thời kỳ bành trướng, có lẽ vũ trụ chúng ta đang sống, một vũ trụ trong đó có năng lượng chân không khác không (non-zero vacuum energy) vốn đủ nhỏ để các thiên hà có thể thành hình, chỉ là một thành viên của một gia đình có thể là vô hạn và là thành viên được lựa chọn cho những khoa học gia thích truy cứu, vì nó hỗ trợ những thiên hà, tinh tú, hành tinh, và sự sống.

Thuyết Dây

Tuy nhiên từ ngữ "landscape" không phải lần đầu tiên xuất hiện trong văn mạch nầy. Nó đã được xử dụng bởi một bộ máy tiếp thị hữu hiệu hơn nhiều đi liền với một đại thuyết (juggernaut) từng dẫn dắt thuyết đơn tử hơn một phần tư thế kỷ - Thuyết Dây (String Theory). Thuyết Dây cho rằng những đơn tử căn bản được tạo ra bởi những thành tố căn bản hơn, không phải đơn tử, mà những vật thể hành xử giống như những sợi dây rung động (vibrating strings). Tương tự như những rung động trên một cây đàn vĩ cầm có thể tạo ra những âm thanh khác nhau, trong lý thuyết nầy, những loại rung động khác nhau tạo ra những vật thể, trên nguyên tắc, có thể hành xử giống như tất cả những đơn tử căn bản khác nhau mà chúng ta tìm thấy trong thiên nhiên.

Chương VIII: Đại Ngẫu Nhiên

Tuy nhiên, vấn đề là: về mặt toán học, lý thuyết đó không nhất quán khi chỉ được định nghĩa trong bốn chiều, và có vẻ đòi hỏi nhiều chiều hơn mới hợp lý được. Những gì xảy ra cho những chiều khác trước mắt không được hiển nhiên, và cũng không có gì hiển nhiên trong vai trò của những vật thể khác, ngoài dây, trong việc định nghĩa lý thuyết - chỉ có một số trong nhiều thách thức không được giải quyết đã được trưng bày ra và làm lu mờ một hăng say nào đó trước kia về khái niệm nầy.

Đây không phải nơi để xem xét chu đáo Thuyết Dây, và thực ra một xem xét chu đáo có lẽ không thể nào có được, vì, nếu một cái gì đó đã trở nên rõ ràng trong 25 năm qua, thì chính những gì được chính thức gọi là Thuyết Dây dứt khoát là một cái gì hoàn chỉnh hơn và phức tạp hơn, và một cái gì mà bản chất căn bản và nội dung hãy còn là một bí mật.

Chúng ta vẫn không rõ định chế lý thuyết đáng chú ý nầy có thực sự liên quan gì với thế giới thực. Tuy nhiên, có lẽ không một bức tranh lý thuyết nào đã thành công thâm nhập ý thức của cộng đồng vật lý mà không chứng minh được khả năng giải quyết thành công một bí mật thực nghiệm về thiên nhiên.

Nhiều người sẽ xem câu nói vừa rồi như là một lời phê bình Thuyết Dây, nhưng mặc dù trong quá khứ Krauss từng bị xem là kẻ phá bỉnh, đó không phải là ý hướng của ông ở đây, cũng không phải ý hướng của ông trong nhiều bài thuyết trình và tranh luận công cộng đầy hảo ý của ông về đề tài nầy với người bạn của ông là Brian Greene, một trong những người cổ xúy chính của Thuyết Dây. Ngược lại, ông nghĩ tốt hơn nên gạt qua một bên hiếu thị dân gian để tìm hiểu thực tế. Thuyết Dây dính dáng đến những khái niệm và toán học rất đáng chú ý vốn có thể đưa ánh sáng lên một trong những bất nhất căn bản trong vật lý lý thuyết

Chương VIII: Đại Ngẫu Nhiên

- sự bất lực của chúng ta trong việc đúc kết tổng thuyết tương đối của Einstein thành một hình thức có thể được phối hợp với những định luật của cơ học lượng tử để đi đến những tiên đoán hữu lý về cách thức vận hành của vũ trụ trên những quy mô rất nhỏ của nó.

Krauss đã viết trọn một cuốn sách về cách thức Thuyết Dây đã cố giải quyết vấn đề, nhưng vì mục đích của chúng ta ở đây, chúng ta chỉ cần một tóm lược thôi. Mục tiêu trọng tâm rất đơn giản, dù khó thực hiện. Trên những quy mô rất nhỏ, thích hợp cho những quy mô trong đó những vấn đề giữa trọng lực và cơ học lượng tử có thể lần đầu được gặp phải, những dây căn bản có thể cong vào những mạch kín (closed loops). Giữa tập hợp của những khích động (excitations) của những mạch kín như thế luôn luôn có một khích động với những thuộc tính của đơn tử; đơn tử nầy, trong thuyết lượng tử, truyền tải tác động của trọng lực - *graviton*. Do đó, thuyết lượng tử của những dây như thế, trên nguyên tắc, cung ứng hoạt trường (playing field) làm nền tảng cho một thuyết lượng tử thực sự về trọng lực.

Đương nhiên, người ta khám phá ra rằng một lý thuyết như thế có thể né tránh những tiên đoán vô hạn (infinite predictions) khó hiểu về những phương án lượng tử tiêu chuẩn liên quan đế trọng lực. Tuy nhiên, có một vấn đề. Trong phiên bản đơn giản nhất của lý thuyết, những tiên đoán vô hạn như thế chỉ có thể được giải quyết nếu những dây tạo ra các đơn tử căn bản rung động, không chỉ trong ba chiều không gian và một chiều thời gian vốn quen thuộc với chúng ta, mà cả trong 26 chiều!

Bạn có thể mong đợi một bước nhảy vọt về độ phức tạp (và có lẽ về niềm tin) sẽ đủ lớn để làm nản lòng phần lớn những vật lý gia về lý thuyết đó. Nhưng giữa thập niên 1980, một số công trình toán học giá trị của nhiều cá nhân, nhất là Edward Witten thuộc Viện *Institute for Advanced*

Study, đã chứng minh rằng lý thuyết đó, trên nguyên tắc, có thể làm được nhiều chuyện hơn là chỉ cung ứng một lý thuyết lượng tử về trọng lực. Khi đưa vào những đối xứng toán học mới (new mathematical symmetries), nhất là một khung tham chiếu toán học vô cùng xuất sắc gọi là "supersymmetry," bấy giờ người ta có thể giản lược số chiều đòi hỏi cho sự nhất quán của lý thuyết từ 26 xuống chỉ có 10.

Tuy nhiên, quan trọng hơn, điều đó nghe giống như, bên trong khung tham chiếu của Thuyết Dây, người ta có thể thống nhất trọng lực với những lực khác trong thiên nhiên vào một lý thuyết duy nhất, và, hơn nữa, có thể giải thích sự hiện hữu của mọi đơn tử căn bản quen thuộc trong thiên nhiên! Cuối cùng, có vẻ như có một lý thuyết độc nhất trong 10 chiều vốn có thể tái tạo mọi thứ mà chúng ta có thể nhìn thấy trong thế giới bốn chiều của chúng ta.

Những tuyên bố về một "*Theory of Everything* (Vạn Vật Thuyết)" bắt đầu được quảng bá, không chỉ trong ngôn ngữ khoa học, mà còn trong văn chương bình dân nữa. Kết quả, có lẽ nhiều người trở thành quen thuộc với từ "*superstrings*" hơn là từ "*superconductivity*" - từ thứ nhì nói đến sự kiện đáng chú ý là, khi những vật thể nào đó nguội xuống những nhiệt độ cực thấp, chúng có thể dẫn điện mà không gặp trở ngại nào cả. Đây không những là một trong những thuộc tính đáng chú ý nhất của vật chất được quan sát từ trước đến nay mà nó còn biến đổi nhận thức của chúng ta về cấu tạo lượng tử của vật thể.

Branes

Tiếc thay, khoảng 25 năm ở giữa đã không tử tế với Thuyết Dây. Mặc dù những đầu óc lý thuyết lớn nhất trên thế giới đã bắt đầu tập trung sự chú ý của họ trên nó, đưa ra bao nhiêu kết quả và bao nhiêu toán học mới trong tiến trình, người ta thấy rõ ràng là "dây" trong Thuyết Dây có lẽ

Chương VIII: Đại Ngẫu Nhiên

không phải là những vật thể căn bản chút nào. Những cấu trúc khác phức tạp hơn, mệnh danh là "*branes*", được đặt tên theo những màng (membranes) trong các tế bào, vốn hiện hữu trong những chiều cao hơn, có lẽ kiểm soát hành xử của lý thuyết.

Tệ hại hơn, tính độc nhất của lý thuyết bắt đầu biến mất. Chung quy, thế giới của kinh nghiệm không phải là mười chiều mà đúng hơn là bốn chiều. Một cái gì đó đã phải xảy ra cho sáu chiều không gian còn lại, và lối giải thích kinh điển về tính vô hình (invisibility) của chúng là: bằng cách nào đó, chúng được nén lại (compactified) - nghĩa là, chúng được uốn cong trên những quy mô rất nhỏ nên chúng ta không thể giải quyết chúng trên quy mô của chúng ta hay thậm chí trên những quy mô tí hon được thám sát bởi những máy tăng tốc đơn tử năng lượng cao nhất của chúng ta ngày nay (highest energy particle accelerators).

Có một khác biệt giữa những địa hạt ẩn giấu được đề nghị nầy và những địa hạt của tôn giao và duy tâm, cho dù chúng có thể không có vẻ khác biệt lắm trên bề mặt. Thứ nhất, trên nguyên tắc, những địa hạt nầy có thể truy cập được nếu người ta có thể xây dựng được một máy tăng tốc đủ mạnh - có lẽ vượt những giới hạn của thực dụng, nhưng không vượt qua những giới hạn của khả thể. Thứ nhì, cũng như đối với những đơn tử tiềm năng (virtual particles), người ta có thể hy vọng tìm được một bằng chứng gián tiếp nào đó về sự hiện hữu của chúng qua những vật thể mà chúng ta có thể đo lường trong vũ trụ bốn chiều (four-dimensional universe) của chúng ta. Tóm lại, vì những chiều nầy được đề nghị như một phần của một lý thuyết được phát triển để thực sự cố giải thích vũ trụ, đúng hơn là biện minh nó, nên cuối cùng chúng có thể được truy cập đối với trắc nghiệm thực nghiệm cho dù khả thể còn rất nhỏ.

Nhưng xa hơn thế, sự hiện hữu khả thể của những chiều thặng dư nầy cung ứng một thách thức to lớn đối với hy vọng cho rằng vũ trụ của chúng ta là độc nhất. Cho dù người ta bắt đầu với một lý thuyết độc nhất trong mười chiều (mà chúng ta chưa biết có hay không), thì mỗi cách khác nhau để nén sáu chiều vô hình có thể đưa đến một loại khác của vũ trụ bốn chiều, với những định luật vật lý khác nhau, những lực khác nhau, những đơn tử khác nhau, và được khống chế bởi những đối xứng khác nhau. Một số lý thuyết gia đã ước tính rằng có lẽ có 10^{500} vũ tụ bốn chiều nhất quán khác nhau có thể sinh ra từ một thuyết dây mười chiều độc nhất. Một "*Theory of Everything*" bỗng nhiên trở thành một "*Theory of Anything*"!

Frank Wilczek

Tình trạng nầy được minh họa một cách mỉa mai trong một hoạt họa của một trong những biếm họa khoa học ưa thích của Krauss, gọi là *xkcd*. Trong hoạt họa nầy, một người nói với người kia, "Tôi vừa có một ý nghĩ rất lạ. Chuyện gì sẽ xảy ra nếu tất cả vật chất và năng lượng được làm bằng những sợi dây rung động tí hon?" Người kia trả lời, "Nầy, điều đó hàm ngụ cái gì? " Người thứ nhất nói, "Tôi không biết."

Với một nhận xét ít hài hước hơn, vật lý gia khôi nguyên Nobel, Frank Wilczek, đã cho rằng những người theo Thuyết Dây đã phát minh một cách làm vật lý mới, khiến liên tưởng đến một cách mới để chơi trò bắn tên. Trước hết, người ta phóng mũi tên vào một bức tường trống, và sau đó người ta đi đến bức tường và vẽ một hồng tâm chung quanh chỗ mũi tên bắn vào.

Trong khi nhận xét của Frank là một phản ảnh chính xác của nhiều ầm ĩ đã được tạo ra, cũng nên nhấn mạnh rằng, đồng thời, những người làm việc cho lý thuyết đó, một cách

Chương VIII: Đại Ngẫu Nhiên

lương thiện, đang cố khám phá những nguyên tắc có thể khống chế thế giới mà chúng ta sống.

Tuy nhiên, sự thừa mứa những vũ trụ bốn chiều khả thể vốn là một sự lúng túng rất lớn cho các lý thuyết gia của Thuyết Dây, nay đã trở nên một đức tính của thuyết nầy. Người ta có thể tưởng tượng rằng, trong một đa vũ trụ mười chiều (ten-dimensional multiverse), người ta có thể bao gồm rất nhiều vũ trụ bốn chiều khác nhau ((hay năm chiều, sáu chiều v.v.), và mỗi vũ trụ đều có thể có những định luật vật lý khác nhau, và hơn nữa, trong mỗi vũ trụ năng lượng của không gian trống có thể khác nhau.

Trong khi điều nầy nghe có vẻ như một ngụy tạo tiện lợi, nó lại có vẻ là một hậu quả tự nhiên của lý thuyết, và nó dứt khát tạo nên một viễn cảnh đa vũ trụ có thể cung ứng một khung tham chiếu tự nhiên để phát triển một nhận thức vị nhân (anthropic understanding) về năng lượng của không gian trống. Trong trường hợp nầy, chúng ta không cần vô số vũ trụ khả thể tách rời trong không gian ba chiều. Đúng hơn, chúng ta có thể tưởng tượng vô số vũ trụ được chồng lên trên một điểm duy nhất trong không gian của chúng ta, không thể được nhìn thấy, nhưng mỗi vũ trụ như thế có thể cho thấy những thuộc tính rất khác biệt.

Krauss muốn nhấn mạnh rằng lý thuyết nầy không thô thiển như thắc mắc thần học của Saint Thomas Aquinas về chuyện một số thiên thần có thể hay không có thể chiếm ngự cùng một nơi, một ý niệm vốn từng bị các nhà thần học về sau chế nhạo như kiểu suy đoán vớ vẩn có bao nhiêu thiên thần đứng được trên một đầu mũi kim - hay phổ thông nhất, trên đầu một cây trụ. Aquinas thực sự đã tự mình trả lời câu hỏi nầy bằng cách nói rằng chỉ một thiên thần duy nhất có thể chiếm ngự cùng một chỗ - đương nhiên, không cần một biện minh lý thuyết hay thực nghiệm nào cả! (Và nếu đó là những thiên thần lượng tử *bozon* - boson quantum angels - thì ông ta có thể luôn luôn sai.)

Với một bức tranh như thế và toán học đầy đủ, trên nguyên tắc, người ta có thể hy vọng thực sự đưa ra những tiên đoán vật lý. Ví dụ, người ta có thể rút ra được một phân bố xác suất (probability distribution) mô tả khả năng tìm ra những loại vũ trụ bốn chiều khác nhau nằm trong một đa vũ trụ có nhiều chiều hơn. Chẳng hạn, người ta có thể tìm thấy rằng phần lớn những vũ trụ nào có năng lượng nhỏ cũng có ba hệ đơn tử căn bản và bốn lực khác nhau. Hay người ta có thể tìm thấy rằng chỉ trong những vũ trụ có năng lượng chân không nhỏ mới có thể có một lực điện từ dài tầm (long-range force of electromagnetism). Bất kỳ một kết quả nào như thế đều có thể cung ứng bằng chứng hợp lý cho thấy rằng một giải thích vị nhân khả thể về năng lượng của không gian trống - hay tìm thấy rằng không thể có một vũ trụ trông giống như vũ trụ của chúng ta với năng lượng chân không nhỏ - là hữu lý về mặt vật lý.

Nhưng toán học chưa đưa chúng ta đi xa như thế, và có lẽ nó không bao giờ làm thế. Nhưng bất chấp sự bất lực của chúng ta hiện nay về mặt lý thuyết, điều nầy không có nghĩa là khả thể nầy không thực sự được thiên nhiên hiện thực hóa.

Tuy nhiên, trong khi chờ đợi, vật lý đơn tử đã đưa lập luận vị nhân xa hơn một bước. Các vật lý gia đơn tử đang dẫn trước các nhà vũ trụ học. Vũ trụ học đã sản sinh ra một đại lượng hoàn toàn bí mật: năng lượng của không gian trống, mà chúng ta hầu như không hiểu biết gì cả. Tuy nhiên, từ lâu trước đó, còn có nhiều đại lượng hơn thế mà vật lý đơn tử đã không hiểu được!

Ví dụ: tại sao có ba thế hệ đơn tử căn bản - *electron*, và những họ hàng nặng hơn của nó là *muon* và *tauon*, chẳng hạn, hay ba tập hợp khác nhau của *quarks*, trong đó tập hợp năng lượng thấp nhất của nó tạo thành phần lớn vật thể mà chúng ta tìm thấy trên trái đất? Tại sao trọng lực lại yếu hơn nhiều so với những lực khác trong thiên nhiên, như điện từ? Tại sao *proton* lại nặng hơn *electron* 2000 lần?

Một số vật lý gia đơn tử hiện đã dứt khoát nhảy sang lãnh vực vị nhân, có lẽ vì những nỗ lực của họ đã không giải thích thành công những bí mật nầy theo những nguyên nhân vật lý. Tựu trung, nếu một đại lượng căn bản trong thiên nhiên thực sự là một ngẫu nhiên môi trường (environmental accident) thì tại sao phần lớn, nếu không nói là tất cả, những thông số (parameters) căn bản khác lại không? Có thể tất cả những bí ẩn của thuyết đơn tử có thể được giải quyết bằng cách đọc cùng một câu thần chú: nếu vũ trụ đi theo bất kỳ cách nào khác thì chúng ta không thể sống trong đó được.

Người ta có thể tự hỏi nếu câu trả lời như thế cho những bí ẩn của thiên nhiên là bất kỳ câu trả lời nào cũng được, hay, quan trọng hơn, liệu nó có mô tả khoa học theo nhận thức của chúng ta hay không? Tựu trung, mục tiêu của khoa học, và đặc biệt là vật lý, trong hơn 450 năm là giải thích tại sao vũ trụ phải theo đúng cách chúng ta đo lường nó, thay vì tại sao, nói chung, những định luật thiên nhiên lại sinh ra những vũ trụ hoàn toàn khác nhau.

Krauss đã cố giải thích tại sao đây thực sự là vấn đề, nghĩa là tại sao nhiều khoa học gia khả kính đã quay sang nguyên lý vị nhân và tại sao nhiều người đã tận lực để tìm hiểu liệu chúng ta có thể học được cái gì mới về vũ trụ dựa trên đó hay không.

Krauss đi xa hơn và cố giải thích làm thế nào sự hiện diện của những vũ trụ vĩnh viễn bất hiển thị - hoặc đã bị lấy đi khỏi tầm nhìn của chúng ta bằng những khoảng cách hầu như vô hạn trong không gian hoặc, ngay trên đầu mũi của chúng ta, chúng bị lấy đi khỏi tầm nhìn của chúng ta bằng những khoảng cách vi mô (microscopic distances) trong những chiều thặng dư khả thể - lại có thể đang trong vòng thử nghiệm thực nghiệm (empirical testing).

Đại Thuyết Thống Nhất

Ví dụ thử tưởng tượng rằng chúng ta đề ra một lý thuyết bằng cách thống nhất ít nhất ba trong số bốn lực của thiên nhiên vào một Đại Thuyết Thống Nhất (Grand Unified Theory), một đề tài thường xuyên hấp dẫn trong vật lý đơn tử (giữa những người chưa chịu bỏ cuộc trong việc truy tìm những lý thuyết căn bản trong bốn chiều). Một lý thuyết như thế sẽ đưa ra những tiên đoán về những lực thiên nhiên và về tập hợp của những đơn tử căn bản mà chúng ta truy cứu tại những máy tăng tốc (accelerators). Nếu một lý thuyết như thế đưa ra được nhiều tiên đoán về sau có thể kiểm chứng được bằng thực nghiệm thì chúng ta sẽ có lý do chính đáng để hồ nghi là nó có chứa đựng một phần nào chân lý.

Bây giờ, giả sử lý thuyết nầy cũng tiên đoán một giai đoạn bành trướng trong thời vũ trụ sơ khai, và thực sự tiên đoán rằng giai đoạn bành trướng của chúng ta chỉ là một trong bao nhiêu giai đoạn như thế trong một đa vũ trụ vĩnh viễn bành trướng. Cho dù chúng ta không thể trực tiếp thăm dò những sự hiện hữu của những vùng như thế bên kia chân trời của chúng ta, thì, như đã trình bày trước đây, nếu nó đi giống như một con vịt và kêu giống như một con vịt thì.... đấy, bạn biết rồi.

Truy tìm hậu thuẫn thực nghiệm khả thể cho những khái niệm chung quanh những chiều phụ là công việc xa vời hơn nhưng không phải là không có thể. Nhiều lý thuyết gia trẻ lỗi lạc đang cống hiến sự nghiệp của họ với hy vọng phát triển lý thuyết đến một điểm có thể có một bằng chứng nào

Chương VIII: Đại Ngẫu Nhiên

đó, ngay cả gián tiếp, cho thấy nó đúng. Những hy vọng của họ có thể không đúng chỗ, nhưng họ đã quyết định bỏ đi. Có lẽ một bằng chứng nào đó từ máy *Large Hadron Collider* gần Geneva sẽ cho thấy một cửa sổ nào đó lý ra là ẩn giấu hướng về môn vật lý mới nầy.

Như thế, sau một thế kỷ tiến bộ đáng kể, vô tiền khoáng hậu trong nhận thức của chúng ta về thiên nhiên, chúng ta thấy có thể thăm dò vũ trụ trên những quy mô trước đây khó ai tưởng tượng nổi. Chúng ta đã hiểu được bản chất của sự bành trướng của *Big Bang* ngay từ những giây đầu tiên của nó và đã khám phá được sự hiện hữu của hàng trăm tỉ thiên hà mới, với hàng trăm tỉ tinh tú mới. Chúng ta đã khám phá ra rằng 99% của vũ trụ thực sự là vô hình đối với chúng ta, bao gồm vật thể đen rất có thể giống như một hình thức mới nào đó của đơn tử căn bản, và thậm chí nhiều năng lượng đen hơn, mà nguồn gốc hiện nay hãy còn là một bí mật hoàn toàn.

Sau cùng, rất có thể vật lý sẽ trở nên một "khoa học môi trường." Những hằng số căn bản của thiên nhiên, từ lâu được giả định có một tầm quan trọng đặc biệt, có thể chỉ là những ngẫu nhiên môi trường. Nếu những khoa học gia chúng ta có khuynh hướng quá nghiêm chỉnh với chính mình và với khoa học thì có lẽ chúng ta cũng đã quá nghiêm chỉnh với vũ trụ của chúng ta. Ít nhất chúng ta có thể đang làm quá nhiều về cái hư không đang khống chế vũ trụ của chúng ta! Có thể vũ trụ của chúng ta đúng hơn giống như một giọt lệ bị chôn trong một đại dương đa vũ trụ mênh mông của những khả thể. Có thể chúng ta sẽ không bao giờ tìm thấy một lý thuyết mô tả tại sao vũ trụ lại phải như thế.

Hay có thể chúng ta sẽ tìm thấy.

Cuối cùng, đó là bức tranh chính xác nhất mà Krauss vẽ ra về thực tại theo nhận thức của chúng ta hiện nay. Nó dựa trên công trình của hàng chục ngàn khối óc nhiệt thành suốt thế kỷ qua, xây dựng một số những then máy phức tạp nhất, tinh vi chưa từng thấy và phát triển một số những khái niệm đẹp đẽ nhất và phức tạp nhất mà nhân loại đã nỗ lực chưa từng thấy để có được. Đó là một bức tranh mà sự sáng tạo nhấn mạnh nhiều nhất thế nào mới phải là người - khả năng của chúng ta tưởng tượng được những khả thể bao la của hiện hữu và tinh thần phiêu lưu muốn mạnh dạn thăm dò chúng - mà không tham chiếu một lực sáng tạo mơ hồ nào hay một đấng tạo hóa nào vốn vĩnh viễn bất khả tri. Chúng ta tự mình đạt đến tri thức từ thực nghiệm. Làm cách khác sẽ gây phương hại cho tất cả những cá nhân lỗi lạc và can đảm vốn đã giúp chúng ta đạt đến trình trạng tri thức hiện nay.

Nếu chúng ta muốn đưa ra những kết luận triết học về sự hiện hữu của chúng ta, ý nghĩa của chúng ta, và ý nghĩa của chính vũ trụ, thì những kết luận của chúng ta nên dựa trên tri thức thực nghiệm. Một tinh thần thực sự cởi mở có nghĩa là buộc sự tưởng tượng của chúng ta phải tuân theo bằng chứng của thực tại, chứ không phải ngược lại, dù chúng ta có thích hay không thích những hàm ngụ.

Chương IX
Không Tức Là Có

Tôi không ngại mình không biết. Chuyện đó tôi không sợ.
- Richard Feynman

Tổng Quát

Isaac Newton, có lẽ là vật lý gia lớn nhất của mọi thời đại, đã thay đổi sâu sắc cách suy nghĩ của chúng ta về vũ trụ trong nhiều cách. Có lẽ đóng góp quan trọng nhất của ông là chứng minh khả thể cho rằng toàn bộ vũ trụ là có thể giải thích được. Với định luật tổng quát về trọng lực (gravity), lần đầu tiên ông chứng minh rằng ngay cả trời cũng có thể khuất phục trước sức mạnh của những định luật thiên nhiên. Một vũ trụ lạ lùng, thù nghịch, đe dọa, và có vẻ ưa thay đổi có thể không hẳn như thế.

Nếu những định luật bất di bất dịch đã chi phối vũ trụ thì những thần linh trong thần thoại cổ Hy lạp và La Ma có thể là vô năng. Có thể chẳng có ai tự do tùy tiện uốn cong thế giới để tạo ra những vấn đề gai gốc cho nhân loại. Những gì liên quan đến Zeus cũng có thể áp dụng cho Thượng Đế của Israel. Làm sao mặt trời có thể đứng yên một chỗ vào buổi trưa được? Mặt trời không xoay quanh trái đất nhưng sự di chuyển của nó trong bầu trời thực sự là do trái đất xoay vòng. Nếu trái đất đột nhiên ngừng xoay thì những lực được tạo trên mặt đất sẽ phá hủy tất cả những cấu trúc và con người.

Đương nhiên, những hành động siêu nhiên chẳng khác mấy với những phép lạ. Chung quy, chúng chính là những gì chế ngự những định luật thiên nhiên. Một thần linh có thể tạo ra những luật thiên nhiên thì cũng có thể giả định chủ động chế ngự được chúng; mặc dù người ta vẫn còn tự hỏi tại sao những định luật đó có thể đã được chế ngự dễ dàng như thế hàng ngàn năm trước khi có những dụng cụ truyền thông hiện đại để có thể ghi chép lại chứ không phải đợi đến ngày nay.

Trường hợp nào đi nữa, ngay cả trong một vũ trụ không có phép lạ, khi đối diện với một trật tự căn bản rất đơn giản, bạn có thể đưa ra hai kết luận khác nhau. Một, của chính Newton, và trước kia được Galileo và nhiều khoa học gia khác chấp nhận qua nhiều năm; kết luận nầy cho rằng một trật tự như thế được tạo ra bởi một đấng thông minh thiêng liêng có trách nhiệm không những đối với vũ trụ mà còn với sự hiện hữu của chúng ta, và cho rằng nhân loại chúng ta được tạo ra theo hình ảnh đấng đó (và rõ ràng những sinh vật đẹp đẽ và phức tạp khác thì không!) Kết luận kia là: những định luật tự chúng mà ra. Chúng tự đòi hỏi vũ trụ của chúng ta phải hiện hữu, phát triển và tiến hóa, và chúng ta là một phó sản (by-product) của những định luật nầy. Những định luật có thể là trường cửu, hay chúng cũng có thể đã đi vào hiện hữu, một lần nữa bằng một quá trình chưa biết được nhưng có thể thuần túy vật lý.

Các triết gia, các nhà thần học, và đôi khi các khoa học gia tiếp tục bàn cãi những khả thế nầy. Chúng ta không biết chắc chắn ai trong số họ thực sự mô tả vũ trụ của chúng ta, và có lẽ chúng ta sẽ không bao giờ biết. Nhưng điểm chính là, như Krauss đã nhấn mạnh ngày từ đầu cuốn sách nầy, câu trả lời chung quyết của câu hỏi nầy sẽ không đến từ hy vọng, ước muốn, mặc khải (revelation), hay tư duy thuần túy. Nó sẽ đến, nếu có, từ một sự thăm dò thiên nhiên. Theo Jacob Bronowski, dù là mơ (dream) hay ác mộng (nightmare) - mơ của người nầy rất có thể là ác mộng của người kia - chúng ta cần sống kinh nghiệm của chúng ta một cách đích thực và với đôi mắt mở to. Vũ trụ như thế là như thế, dù chúng ta thích nó hay không.

Vũ trụ từ hư không

Và ở đây, Krauss nghĩ không gì ý nghĩa cho bằng một vũ trụ từ hư không (a universe from nothing) - theo một nghĩa mà ông sẽ cố mô tả - một vũ trụ vốn sinh ra một cách tự nhiên, và thậm chí tất yếu, càng lúc càng phù hợp với mọi thứ mà chúng ta đã học được từ thế giới. Kiến thức nầy đã không đến từ những suy tư triết học hay thần học về đạo đức hay những suy luận khác về điều kiện con người. Ngược lại nó được dựa trên những phát triển đáng chú ý và hấp dẫn trong vũ trụ học thực nghiệm và vật lý đơn tử mà ông đã mô tả.

Do đó, Krauss muốn trở lại câu hỏi mà ông đã mô tả ở đầu cuốn sách: Tại sao có một cái gì thay vì không có gì cả? (How is there something rather than nothing?) Hiện chúng ta giả định đang ở vào một vị thế thuận lợi hơn để giải quyết vấn đề nầy, sau khi đã xem lại bức tranh khoa học của vũ trụ, lịch sử của nó, và tương lai khả thể của nó, cũng như những mô tả hoạt động của những gì mà từ ngữ "*nothing*" có thể thực sự bao gồm. Như ông đã ám chỉ ở đầu cuốn sách, câu hỏi nầy cũng liên quan đến khoa học như phần lớn những câu hỏi triết lý như thế. Thay vì cung ứng một khung tham chiếu buộc chúng ta phải có một đấng tạo hóa, chính cái ý nghĩa của những từ ngữ liên quan đã thay đổi rất nhiều nên câu văn đã mất đi nhiều ý nghĩa ban đầu - cũng hiển nhiên thôi, vì kiến thức thực nghiệm đưa một ánh sáng mới lên những góc tăm tối trong tưởng tượng của chúng ta.

Cùng một lúc, trong khoa học chúng ta phải đặc biệt cẩn thận về những câu hỏi "tại sao." Khi chúng ta hỏi, "*Why?*

(Tại sao)" chúng ta thường muốn nói, "*How? (Làm sao)*" Nếu chúng ta có thể trả lời câu hỏi thứ nhì thì cũng đủ cho mục đính của chúng ta rồi. Ví dụ, chúng ta có thể hỏi: "Tại sao trái đất cách mặt trời 93 triệu dặm?" nhưng điều mà chúng ta có lẽ thực sự muốn hỏi là, "Làm sao trái đất lại cách mặt trời 93 triệu dăm?" Nghĩa là, chúng ta muốn biết quá trình vật lý nào đã đưa đến việc trái đất ở vào vị trí hiện nay. "*Tại sao*" mặc nhiên gợi lên mục đích, và khi chúng ta cố hiểu Thái Dương Hệ theo nghĩa khoa học, chúng ta thường không ám chỉ mục đích trong đó.

Cho nên, Krauss sẽ giả định điều mà câu hỏi nầy thực sự muốn hỏi là, "Làm sao lại có một cái gì thay vì không có cái gì cả?" Những câu hỏi "How (Làm sao)" thực sự là những câu hỏi duy nhất mà chúng ta có thể trả lời dứt khoát bằng cách tìm hiểu thiên nhiên, nhưng vì câu nầy nghe có vẻ lạ tai nên ông hy vọng bạn sẽ tha lỗi cho ông nếu đôi khi ông rơi vào cái bẫy ra vẻ đề cập đến lý thuyết tiêu chuẩn hơn trong khi ông thực sự cố trả lời câu hỏi "*how*" cụ thể hơn.

Thậm chí ở đây, trên quan điểm nhận thức thực sự, câu hỏi "*how*" đặc biệt nầy đã được thay thế bởi nhiều câu hỏi hữu ích hơn về mặt hành động, như, "Cái gì có thể đã sinh ra những thuộc tính của vũ trụ khiến nó có những đặc tính hi hữu ngày nay?", hay, có lẽ quan trọng hơn, "Làm sao chúng ta có thể khám phá ra được?"

Ở đây, một lần nữa Krauss muốn đánh vào cái mà ông mong là một con ngựa chết. Đặt câu hỏi thế nầy giúp đưa ra tri thức và nhận thức mới. Đây là điều phân biệt chúng với những câu hỏi thuần túy thần học, thường giả định những câu trả lời có sẵn. Thực vậy, Krauss đã thách thức một số nhà thần học cung ứng bằng chứng chống lại tiền đề cho rằng thần học đã không có đóng góp nào cho tri thức trong ít nhất năm trăm năm qua, từ khi có khoa học. Cho đến nay, không một ai đã cung ứng một phản biện. Câu hỏi mà Krauss thường quay trở lại là, "Bạn muốn nói gì khi dùng chữ *'knowledge'*?" Trên quan điểm tri thức luận (epistemology), đây là một vấn đề gai góc, nhưng ông cả quyết rằng, nếu có một cái gì khác tốt hơn, thì một người nào đó đã trình bày nó rồi. Nếu ông đưa ra cùng một thách thức như thế cho các nhà sinh vật học, tâm học, sử học, hay thiên văn học, thì không một ai trong số họ có thể đã lúng túng như thế.

Những câu trả lời cho những loại câu hỏi hữu ích dính dáng đến những tiên đoán có thể được thử nghiệm để giúp tri thức hành động của chúng ta về vũ trụ tiến lên trực tiếp hơn. Một phần vì lý do nầy, Krauss đã tập trung trên những câu hỏi hữu ích như thế tại điểm nầy của cuốn sách. Tuy nhiên, câu hỏi "một cái gì từ hư không (Something from nothing)" tiếp tục duy trì tính thời sự của nó, và do đó có lẽ cần được xem xét.

Công trình của Newton

Công trình của Newton đã giản lược đáng kể lãnh vực khả thể của những can thiệp của Thượng Đế dù cho bạn có quy một luận lý cố hữu (inherent rationality) nào cho vũ trụ hay không. Những định luật Newton không những giới hạn nghiêm khắc sự tự do hành động của một thần linh, chúng còn gạt bỏ những đòi hỏi khác nhau về sự can thiệp siêu nhiên (supernatural intervention). Newton khám phá ra rằng sự di chuyển của những hành tinh chung quanh mặt trời không đòi hỏi chúng phải bị đẩy liên tục trên hướng trình của chúng, nhưng, thay vì thế, và hoàn toàn phi trực giác, nó đòi hỏi chúng phải được kéo bởi một lực tác động về phía mặt trời, như thế không cần đến những thiên thần thường trước kia được cầu cạnh để hướng dẫn các hành tinh trên đường đi. Trong khi việc bãi miễn những thiên thần trong những trách nhiệm đặc biệt có ít ảnh hưởng đối với nhưng người muốn tin những thiên thần đó (các cuộc

Chương IX: Không tức là Có

thăm dò cho thấy rất nhiều người ở Mỹ tin vào thiên thần hơn là tin vào tiến hóa), công bình mà nói, sự tiến bộ đó trong khoa học từ thời Newton thậm chí đã giới hạn đáng kể những cơ hội cho bàn tay của Thượng Đế thể hiện công trình của mình.

Chúng ta có thể mô tả tiến hóa của vũ trụ ngược về những thời kỳ sơ khai của *Big Bang* mà không cần một nhu cầu đặc biệt nào về bất kỳ cái gì vượt quá những định luật vật lý, và chúng ta cũng đã mô tả lịch sử tương lai khả thể của vũ trụ. Chắc chắn vẫn có những nan đề về vũ trụ mà chúng ta không hiểu, nhưng Krauss sẽ giả định rằng độc giả của sách nầy không thích mấy bức tranh của một "Thượng Đế của những khe hở (God of Gaps)," theo đó, Thượng Đế được nêu tên bất kỳ khi nào có một cái gì đặc biệt về những quan sát của chúng ta tỏ vẻ khó hiểu hay không được nhận thức đầy đủ. Ngay cả những nhà thần học cũng thừa nhận rằng sự nêu tên như vậy không những giảm đi sự vĩ đại của đấng thiêng liêng của họ mà còn tạo cơ hội cho đấng đó bị lấy đi hay bị đặt sang bên lề khi nan đề được các công trình mới giải quyết.

Theo nghĩa nầy, lập luận "có một cái gì từ hư không" thực sự cố tập trung trên hành động ban đầu của sáng thế và hỏi liệu một giải thích khoa học có khi nào có thể hoàn chỉnh về mặt luận lý và thỏa đáng đầy đủ để giải quyết vấn đề đặc biệt nầy hay không.

Cuối cùng, dựa trên sự hiểu biết hiện nay của chúng ta về thiên nhiên, có ba ý nghĩa riêng biệt khác nhau về câu hỏi "có một cái gì từ hư không." Câu trả lời ngắn gọn cho mỗi ý nghĩa là "rất có thể là có," và Krauss sẽ lần lược đề cập mỗi ý nghĩa đó trong phần còn lại của sách nầy khi ông cố giải thích tại sao hay làm thế nào như ông vừa lập luận bây giờ.

Chương IX: Không tức là Có

Nguyên lý Occam

Nguyên lý Occam (Occam's razor) cho rằng, nếu một biến cố nào đó có thể xảy ra về mặt vật lý thì chúng ta không cần đến những tuyên bố phi thường hơn để chứng minh sự hiện hữu của nó. Một tuyên bố như thế có thể là: Chắc chắn những đòi hỏi về một thần linh toàn năng hiện hữu bằng cách nào đó bên ngoài vũ trụ của chúng ta hay đa vũ trụ, trong khi đồng thời cai trị những gì bên trong đó. Như thế, chỉ nên chọn một tuyên bố khi không còn lựa chọn nào khác.

Trong phần phi lộ, Krauss đã lập luận rằng nếu chỉ định nghĩa "*nothingness* (hư không)" như là "*nonbeing* (vô vi)" thì không đủ để cho rằng vật lý, và khoa học nói chung, không đủ tư cách để trả lời câu hỏi. Krauss đưa ra một lập luận bổ sung, đặc thù hơn ở đây. Thử xem xét một cặp *electron-positron* đột nhiên hiện ra từ không gian trống gần nhân nguyên tử và ảnh hưởng đến thuộc tính của nguyên tử đó trong khoảnh khắc mà cặp nầy hiện diện. Trước đó, *electron* hay *positron* đã hiện hữu theo nghĩa gì? Chắc chắn chúng đã không hiện hữu theo bất kỳ một định nghĩa hợp lý nào. Chắc chắn có tiềm năng về sự hiện hữu của chúng nhưng như thế là định nghĩa hiện hữu (being) không gì hơn cách định nghĩa một hiện hữu tiềm tàng của con người, vì tôi mang tinh trùng trong ngọc hành của tôi đến gần một người đàn bà đang rụng trứng, và tôi và bà ta làm tình. Thực vậy, câu trả lời tốt nhất mà tôi đã từng nghe đối với câu hỏi liên quan đến những gì có thể xảy ra sau khi chết (nghĩa là, không có gì cả) là tưởng tượng bạn cảm thấy thế nào trước khi được thụ thai. Trường hợp nào đi nữa, nếu tiềm năng hiện hữu cũng y hệt như hiện hữu thực sự thì tôi chắc chắn rằng động tác thủ dâm (masturbation) bây giờ cũng được xem như một vấn đề pháp lý nóng bỏng như vấn đề phá thai hiện nay vậy.

Dự Án Origins Project

Dự Án *Origins Project* ở Đại Học Arizona do Krauss điều khiển gần đây đã tổ chức một hội thảo về nguồn gốc sự sống, và ông chỉ còn cách quan sát sự bàn thảo hiện nay về vũ trụ học trong văn mạch đó mà thôi. Chúng ta vẫn chưa hiểu biết đầy đủ sự sống bắt nguồn như thế nào trên trái đất. Tuy nhiên, chúng ta không những có được những then máy hóa học khả thể giúp chúng ta khái niệm được vấn đề mà còn mỗi ngày một tiến gần hơn đến những hướng trình đặc thù có thể đã cho phép những phân tử sinh học (biomolecules), kể cả *RNA*, nẩy sinh một cách tự nhiên. Hơn nữa, dựa trên luật đào thải thiên nhiên, tiến hóa Darwin cung ứng một bức tranh vô cùng chính xác cho thấy làm thế nào sự sống phức tạp đã xuất hiện trên hành tinh nầy theo sau bất kỳ hình thức hóa học đặc thù nào đã sinh ra những tế bào đầu tiên tự sinh sản một cách đáng tin cậy (faithfully self-reproducing) với một hệ chuyển hóa (metabolism) giúp thu thập năng lượng từ môi trường.

Cũng như Darwin - mặc dù miễn cưỡng - đã bỏ qua nhu cầu phải có sự can thiệp của đấng thiêng liêng trong tiến hóa của thế giới hiện đại vốn đầy rẫy sự sống khác nhau khắp hành tinh (mặc dù ông vẫn mở rộng cửa cho thấy khả năng Thượng Đế đã giúp hà hơi sự sống vào những hình thức sống đầu tiên), sự hiểu biết hiện nay của chúng ta về vũ trụ, quá khứ của nó, và tương lai của nó cho thấy có thể có "một cái gì đó (something)" xuất hiện từ hư không (nothing) mà không cần sự hướng dẫn của đấng thiêng liêng nào. Vì những khó khăn thực tế và lý thuyết trong việc trình bày những chi tiết, Krauss ước đoán rằng không bao giờ chúng ta có thể làm được gì nhiều hơn là giả đoán trên phương diện nầy. Nhưng, theo quan điểm của ông, giả đoán tự nó cũng là một bước đi tới quan trọng khi chúng ta tập trung can đảm để sống những cuộc sống có ý nghĩa trong một vũ trụ vốn có vẻ đã đi vào hiện thực, và có thể xóa mờ khỏi hiện thực, không mục đích và chắc chắn không có chúng ta ở trung tâm.

Vũ trụ phẳng

Chúng ta hãy quay lại một trong những yếu tố đáng chú ý của vũ trụ của chúng ta: nó hầu như phẳng theo đo lường của chúng ta. Xin lưu ý đặc điểm độc đáo của một vũ trụ phẳng, ít nhất trên những quy mô trong đó nó được khống chế bởi vật chất dưới hình thức những thiên hà, và trong đó một trong những phỏng đoán của Newton vẫn còn giá trị: trong một vũ trụ phẳng, và chỉ trong một vũ trụ phẳng, năng lượng trọng lực Newton trung bình (average Newtonian gravitational energy) của mọi vật thể trong bành trướng đều chính xác bằng không.

Xin nhấn mạnh rằng đây là một định đề có thể giả mạo. Nó không bắt buộc phải như thế. Không có cái gì đòi hỏi điều nầy ngoại trừ những giả đoán dựa trên những khái niệm về một vũ trụ có thể tự nhiên đến từ hư không, hay ít nhất hầu như hư không.

Xin lưu ý tầm quan trọng của sự kiện nầy: một khi trọng lực được bao gồm trong những nghiên cứu của chúng ta về vũ trụ, người ta không còn tự do định nghĩa tổng năng lượng của một hệ thống một cách tùy tiện, và sự kiện có những đóng góp cả âm lẫn dương cho năng lượng nầy. Việc xác định tổng năng lượng trọng lực của những vật thể đang bị kéo theo trong bành trướng của vũ trụ không lệ thuộc vào định nghĩa tùy tiện, chẳng khác nào nói rằng độ cong hình học của vũ trụ chỉ là một vấn đề định nghĩa. Đó là một thuộc tính của chính không gian, theo tổng thuyết tương đối, và thuộc tính nầy của không gian được xác định bởi năng lượng được chứa bên trong nó.

Krauss nói điều nầy vì người ta thường cho rằng (1) quả là võ đoán khi nói rằng tổng năng lượng trọng lực Newton trung bình của mỗi thiên hà trong một vũ trụ phẳng và bành trướng là *zero*, và (2) bất kỳ một trị số nào khác cũng sẽ đúng như thế, nhưng các khoa học gia "định nghĩa" điểm *zero* nhằm lập luận chống lại Thượng Đế. Dinesh D'Souza cũng tuyên bố như thế trong những tranh luận của ông với Christopher Hitchens về sự hiện hữu của Thượng Đế.

Không có gì xa rời chân lý hơn như thế. Nỗ lực nhằm xác định độ cong của vũ trụ là một nỗ lực được các khoa học gia tiến hành hơn nửa thế kỷ; họ đã cống hiến đời mình để xác định bản chất thực sự của vũ trụ chứ không phải áp đặt ý chí của họ lên nó. Ngay cả sau khi những lập luận được đưa ra về lý do tại sao vũ trụ lại phẳng, những đồng nghiệp của Krauss trong công trình quan sát trong thập niên 1990 vẫn tiếp tục chứng minh ngược lại. Vì, tựu trung, trong khoa học người ta đạt được thành tựu lớn nhất (và thường là đề tài lớn nhất) không phải nhờ đi theo đuôi đám đông mà đi ngược chiều đám đông.

Tuy nhiên, những dữ kiện đã đưa ra phán quyết của chúng, và phán quyết đó được chấp nhận. Vũ trụ hiển thị của chúng ta gần như phẳng theo đo lường của chúng ta. Năng lượng trọng lực Newton của những thiên hà đi theo sự bành trướng Hubble là *zero* - dù muốn hay không.

Bây giờ Krauss muốn mô tả làm thế nào, nếu vũ trụ của chúng ta xuất phát từ hư không, một vũ trụ phẳng, với tổng năng lượng trọng lực Newton bằng không của mỗi vật thể, lại chính xác là điều mà chúng ta có thể trông đợi. Lập luận đó hơi tế nhị - tế nhị hơn khả năng mô tả của Krauss theo lối hành văn phổ thông - nên ông dành một khoảng để nói rõ hơn.

Nothing

Trước tiên, Krauss muốn nói rõ về loại *"nothing"* sắp được đề cập tới đây. Đây là phiên bản đơn giản nhất của khái niệm *nothing*, nghĩa là không gian trống. Ngay lúc nầy, ông giả định không gian là có thật, trống rỗng không có gì trong đó, và những định luật vật lý cũng có thật. Một lần nữa, ông nhận thức rằng, so với những phiên bản xét lại về hư không trong đó từ ngữ liên tục được định nghĩa lại nên không có định nghĩa khoa học nào thực tế cả, phiên bản nầy của *nothing* không đạt yêu cầu. Tuy nhiên, ông nghi rằng, vào thời của Platon và Aquinas, khi họ suy nghĩ tại sao lại có một cái gì thay vì không có, không gian trống không có cái gì trong đó có thể là một ước đoán tốt về những gì họ suy nghĩ.

Như chúng ta đã thấy trong chương 6, Alan Guth đã giải thích chính xác làm thế nào chúng ta có thể có được một cái gì từ loại hư không đó - bữa ăn miễn phí tối hậu (ultimate free lunch). Không gian trống có thể có một năng lượng khác không đi liền với nó, ngay cả khi không có vật chất hay bức xạ nào. Tổng thuyết tương đối nói với chúng ta rằng không gian sẽ bành trướng theo cấp số mũ, nên ngay cả vùng nhỏ nhất trong những thời kỳ sơ khai cũng có thể nhanh chóng bao quản một kích thước thừa sức lớn để chứa toàn thể vũ trụ hiển thị của chúng ta ngày nay.

Như Krauss cũng đã mô tả trong chương đó, trong một bành trướng nhanh chóng như thế, vùng nào cuối cùng sẽ bao quản vũ trụ của chúng ta sẽ càng lúc càng phẳng hơn ngay cả khi năng lượng bên trong không gian trống gia tăng theo sự gia tăng của vũ trụ. Hiện tượng nầy xảy ra mà không cần những trò ma thuật hay can thiệp của phép lạ. Điều nầy có thể xảy ra vì "áp suất (pressure)" đi liền với năng lượng như thế trong không gian trống thực sự là âm. "Áp suất âm" nầy hàm ngụ rằng, khi vũ trụ bành trướng, sự bành trướng trút hết năng lượng vào không gian thay vì ngược lại.

Chương IX: Không tức là Có

Theo bức tranh nầy, khi bành trướng chấm dứt, năng lượng được dự trữ trong không gian trống biến thành một năng lượng của những đơn tử và bức xạ thực sự, hữu hiệu tạo dựng một khởi đầu có thể truy nguyên được (traceable beginning) của sự bành trướng *Big Bang* của chúng ta. Krauss nói một khởi đầu có thể truy nguyên được là vì sự bành trướng hữu hiệu bôi xóa mọi ký ức của trạng thái vũ trụ trước khi nó bắt đầu. Tất cả những phức tạp và bất thường trên những quy mô lớn ban đầu được bình thường hóa và bị kéo rất xa ra bên ngoài chân trời của chúng ta ngày nay nên chúng ta luôn luôn thấy một vũ trụ hầu như đồng bộ (uniform) sau khi độ bành trướng đủ lớn đã xảy ra.

Krauss nói hầu như đồng bộ là vì ông cũng mô tả trong chương 6 làm thế nào cơ học lượng tử sẽ luôn luôn để lại một số dao động tàn dư nào đó với tỉ trọng nhỏ bị đóng băng trong tiến trình bành trướng. Điều nầy đưa đến hàm ngụ hấp dẫn thứ nhì về bành trướng, theo đó, những dao động với tỉ trọng nhỏ trong không gian trống do những định luật của cơ học lượng tử sau đó sẽ tạo nên mọi cơ cấu mà chúng ta nhìn thấy trong vũ trụ ngày nay. Như thế, chúng ta, và mọi thứ chúng ta thấy, đều sinh ra từ những dao động lượng tử trong cái chủ yếu là hư không gần khởi thủy của thời gian, nghĩa là trong giai đoạn bành trướng.

Sau khi bụi lắng xuống, thiết trí tổng quát (generic configuration) của vật chất và bức xạ sẽ là thiết trí của một vũ trụ chủ yếu phẳng, trong đó năng lượng trọng lực Newton trung bình của mọi vật sẽ có vẻ là *zero*. Điều nầy sẽ hầu như luôn luôn đúng, trừ phi người ta có thể điều chỉnh thật cẩn thận số lượng bành trướng.

Do đó, vũ trụ hiển thị của chúng ta có thể khởi đi như một vùng không gian cực nhỏ vốn có thể chủ yếu là trống, và còn tăng trưởng đến những quy mô to lớn cuối cùng bao gồm nhiều vật chất và bức xạ, tất cả không cần tốn một giọt năng lượng nào, với đủ vật chất và bức xạ để giải thích mọi thứ mà chúng ta thấy ngày nay!

Điểm quan trọng cần nhấn mạnh trong sơ lược nầy của động năng bành trướng (inflationary dynamics) được đề cập đến trong chương 6 là: một cái gì đó có thể đến từ không gian trống chính là vì năng lượng (energetics) của không gian trống, khi có mặt của trọng lực, không phải là những gì hiểu biết bình dân đã khiến chúng ta ngờ đến trước khi chúng ta khám phá những định luật nền tảng của thiên nhiên.

Nhưng chưa một ai từng nói rằng vũ trụ được hướng dẫn bởi những gì chúng ta, từ những góc không gian và thời gian bé nhỏ của chúng ta, ban đầu có thể đã nghĩ là hữu lý. Chắc chắn có vẻ như hợp lý nếu tưởng tượng rằng, tiên nghiệm (a priory) mà nói, vật chất không thể đến từ hư không. Nhưng khi chúng ta giả định có động năng của trọng lực và cơ học lượng tử, chúng ta thấy rằng khái niệm bình dân nầy không còn đúng nữa. Đây là cái đẹp của khoa học, và không nên xem đó là đáng sợ. Khoa học chỉ buộc chúng ta xét lại những gì hợp giác quan (sensible) để thích nghi với vũ trụ, thay vì ngược lại.

Kết luận: sự quan sát cho rằng vũ trụ là phẳng và tổng năng lượng trọng lực Newton chủ yếu *zero* ngày này dứt khoát cho thấy rằng vũ trụ của chúng ta sinh ra qua một quá trình như quá trình của bành trướng, một quá trình theo đó năng lượng của không gian trống (nothing) được chuyển hóa thành năng lượng của một cái gì đó, trong một thời kỳ mà vũ trụ bị kéo lại mỗi lúc một gần hơn để trở thành chủ yếu là phẳng thực sự trên mọi quy mô có thể quan sát được.

Trong khi bành trướng cho thấy làm thế nào không gian trống với năng lượng trong đó lại có thể hữu hiệu tạo ra mọi thứ mà chúng ta có thể nhìn thấy, cùng với một vũ trụ cực kỳ lớn và phẳng, quả thực không ngay thẳng nếu cho rằng không gian trống với năng lượng trong đó để tạo ra bành trướng thực sự là hư không (nothing). Trong bức tranh nầy, người ta phải giả định rằng không gian là có thực và có thể chứa năng lượng, và người ta xử dụng những định luật vật lý như tổng thuyết tương đối để tính được những hậu quả. Như thế, nếu chúng ta dừng lại ở đây, người ta có thể nghĩ mình đúng khi tuyên bố rằng khoa học hiện đại còn lâu mới thực sự hiểu được làm thế nào có được một cái gì đó từ hư không. Tuy nhiên, đây chỉ là bước đầu. Khi chúng ta phát triển được nhận thức của chúng ta, chúng ta sẽ thấy rằng bành trướng có thể đơn thuần tượng trưng cho cái đỉnh của một băng sơn vũ trụ về hư không.

Chương X
Hư Không Bất Ổn

Fiat justitia - rurat caelum.
Do justice, and let the skies fall
Công lý là trên hết
- Tục ngữ La Mã

Tổng Quát

Sự hiện hữu của năng lượng trong không gian trống - một khám phá đã làm rung chuyển thế giới vũ trụ học của chúng ta và quan niệm nền tảng về bành trướng - chỉ tăng cường một cái gì liên quan đến thế giới lượng tử vốn đã được thiết lập vững chắc trong khung tham chiếu của những loại thí nghiệm có hệ thống mà Krauss đã mô tả. Không gian trống là phức tạp. Đó là một chảo sôi của những đơn tử tiềm năng ra vào hiện hữu trong một khoảnh khắc rất ngắn nên chúng ta không thể trực tiếp nhìn thấy chúng.

Những đơn tử tiềm năng là những biểu hiện của một thuộc tính căn bản của những hệ thống lượng tử. Tại trung tâm của cơ học lượng tử là một định luật đôi khi chi phối những chính trị gia hay các viên chức điều hành CEO - bao lâu không có ai coi chừng thì cái gì cũng có thể xảy ra. Những hệ thống tiếp tục hoạt động, dù chỉ là tạm thời, giữa mọi trạng thái khả thể, kể cả những trạng thái không được cho phép nếu hệ thống thực sự đang được đo lường. Những "dao động lượng tử (quantum fluctuations)" nầy hàm ngụ một cái gì chủ yếu về thế giới lượng tử: luôn luôn sinh ra một cái gì đó, dù chỉ trong một khoảng khắc.

Nhưng đây là vấn đề. Sự quan sát về năng lượng nói với chúng ta rằng những hệ thống lượng tử chỉ có thể hoạt động sai lâu đến mức đó thôi. Cũng như các tay môi giới chứng khoáng gian lận, nếu trạng thái dao động của một hệ thống đòi hỏi đánh cắp một số năng lượng từ không gian trống, thì hệ thống đó phải trả năng lượng đó trong một thời gian đủ ngắn để không một thanh tra nào có thể phát hiện.

Kết quả, bạn có thể giả vờ lý luận một cách an toàn rằng cái gì đó do những dao động lượng tử sinh ra là phù du (ephemeral) - không thể đo lường, không như bạn, tôi, hay trái đất chúng ta đang sống chẳng hạn. Nhưng sự sáng tạo phù du nầy cũng lệ thuộc vào những hoàn cảnh đi liền với những đo lường của chúng ta. Ví dụ, thử xem xét điện trường (electric field) một vật tải điện phát ra tạo nên. Nó dứt khoát là có thật. Bạn có thể cảm thấy lực điện tĩnh (static electric force) trên tóc bạn hay nhìn thấy một bong bóng dính vào một bức tường. Tuy nhiên, thuyết lượng tử về điện từ (electromagnetism) cho rằng trường tĩnh (static field) là do sự phát đi của những quang tử tiềm năng (virtual photons) có tổng năng lượng chủ yếu bằng không, và sự phát đi nầy là do những đơn tử tải điện dính dáng trong việc tạo ra trường. Những đơn tử tiềm năng nầy, vì có năng lượng bằng không, có thể truyền đi qua vũ trụ mà không biến mất, và trường do sự chồng chất lên nhau của chúng thì rất thực nên có thể cảm thấy được.

Đôi lúc, những điều kiện thay đổi đến độ những đơn tử thực, nặng có thể thực sự bắn ra khỏi không gian trống một cách vô tội vạ. Trong một ví dụ, hai đĩa tải điện (charged plates) được đặt gần nhau và, một khi điện trường đủ mạnh giữa chúng, nó trở nên triệt để thích hợp cho một cặp đơn tử / phản đơn tử thực thoát ra khỏi chân không, với điện tải âm hướng về đĩa dương và điện tải dương hướng về đĩa âm. Khi làm thế, có thể sự giảm năng lượng do sự giảm điện tải ròng (net charge) trên mỗi đĩa và điện trường giữa chúng có thể lớn hơn năng lượng đi liền với năng lượng tĩnh (rest mass energy) cần có để sinh ra hai đơn tử thực. Đương nhiên, cường độ của trường phải thật cao để một điều kiện như thế có thể có được.

Thực sự có một nơi ở đó những trường mạnh của một loại khác có thể cho phép một hiện tượng tương tự với hiện tượng được mô tả ở trên xảy ra - nhưng trong tường hợp nầy đó là do trọng lực. Nhận định nầy thực sự giúp cho Stephen Hawking nổi tiếng trong giới vật lý vào năm 1974, khi ông cho thấy những hố đen (black holes) có thể phát ra những đơn tử vật lý - không một thứ gì có thể thoát được hố đen, ít nhất nếu không có những xem xét cơ học lượng tử.

Chân trời biến cố

Có nhiều cách để hiểu hiện tượng nầy, nhưng một trong những cách đó rất quen thuộc với tình trạng vừa được mô tả ở trên với những điện trường. Bên ngoài trọng tâm của những hố đen là một bán kính được gọi là "chân trời biến cố (event horizon)." Bên trong một chân trời biến cố, không vật thể nào có thể thoát ra theo nghĩa cổ điển, vì thoát tốc (escape velocity) vượt quá vận tốc ánh sáng. Như thế, ngay cả ánh sáng phát ra bên trong vùng nầy cũng sẽ không đi ra ngoài chân trời biến cố.

Bây giờ thử tưởng tượng một cặp đơn tử/phản đơn tử xuất hiện từ không gian trống ngay bên ngoài chân trời biến cố do những dao động lượng tử trong vùng đó. Nếu một trong những đơn tử thực sự rơi vào bên trong chân trời biến cố, nó có thể mất đi đủ năng lượng trọng lực do rơi vào hố đen để năng lượng nầy vượt quá hai lần năng lượng tĩnh của mỗi đơn tử. Điều nầy có nghĩa là đơn tử đối tác (partner particle) có thể bay vào vô tận (infinity) và có thể được quan sát mà không vi phạm luật bảo tồn năng lượng. Tổng năng lượng dương đi liền với đơn tử bức xạ (radiated particle) được đền bù dư thừa do sự mất năng lượng khi đơn tử đối tác của nó rơi vào hố đen. Do đo, hố đen có thể khiến cho những đơn tử bức xạ.

Tuy nhiên, tình trạng thậm chí càng hấp dẫn hơn, chính vì năng lượng bị mất do đơn tử rơi vào lớn hơn năng lượng dương đi liền với năng lượng tĩnh của nó. Kết quả, khi nó rơi vào hố đen, hệ thống ròng (net system) của hố đen cộng thêm đơn tử thực sự có ít năng lượng hơn trước khi đơn tử rơi vào trong! Do đó, hố đen thực sự trở nên nhẹ hơn sau khi đơn tử rơi vào bằng một số lượng tương đương với năng lượng bị kéo đi bởi đơn tử bị bức xạ đang chạy thoát. Cuối cùng, hố đen có thể bức xạ hoàn toàn. Tại điểm nầy, chúng ta không biết vì những giai đoạn cuối của sự bốc hơi của hố đen dính dáng đến vật lý trên những quy mô khoảng cách rất nhỏ nên một mình tổng thuyết tương đối không thể cho chúng ta câu trả lời dứt khoát. Trên những quy mô nầy, trọng lực phải được xem như một lý thuyết cơ học lượng tử đầy đủ, và sự hiểu biết hiện nay của chúng ta về tổng thuyết tương đối không đầy đủ để cho phép chúng ta xác định chính xác những gì sẽ xảy ra.

Tuy nhiên, tất cả những hiện tượng nầy hàm ngụ rằng, trong những điều kiện đúng, hư không (nothing) không những có thể mà còn bắt buộc trở thành một cái gì (something).

Có lẽ bạn không thức dậy mỗi buổi sáng để thắc mắc về chuyện nầy, nhưng sự kiện vũ trụ của chúng ta chứa đựng vật chất là điều đáng chú ý, vì, vũ trụ của chúng ta không chứa những số lượng phản vật chất (antimatter) đáng kể đòi hỏi phải có do cơ học lượng tử và thuyết tương đối. Dó đó, đối với mỗi đơn tử mà chúng ta biết trong thiên nhiên, có thể có một phản đơn tử tương ứng (equivalent antiparticle) với điện tải nghịch (opposite charge) và cùng trọng khối (mass). Người ta có thể nghĩ rằng bất kỳ vũ trụ nào có thể cảm nhận được khi mới thành hình cũng có thể chứa những số lượng bằng nhau của cả hai. Chung quy, những phản đơn tử của những đơn tử bình thường có cùng trọng khối và những thuộc tính tương tự khác, nên, nếu những đơn tử được tạo ra trong thời sơ khai thì cũng dễ dàng tạo ra những phản đơn tử.

Thay vì thế, chúng ta thậm chí có thể tưởng tượng một vũ trụ phản vật chất trong đó tất cả những đơn tử nào tạo ra tinh tú và thiên hà đều được thay thế với những phản đơn tử. Một vũ trụ như vậy sẽ có vẻ gần như đồng nhất với vũ trụ mà chúng ta sống. Những quan sát viên trong một vũ trụ như thế (cũng làm bằng phản vật chất) chắc chắn sẽ gọi là vật chất những gì chúng ta gọi là phản vật chất. Tên gọi là tùy tiện.

Tuy nhiên, nếu vũ trụ của chúng ta bắt đầu một cách có thể cảm nhận được, với những số lượng bằng nhau về vật chất và phản vật chất, và cứ ở như thế, thì chúng ta sẽ không phải lòng vòng hỏi "Tại sao? (Why?)" hay "Làm sao? (How?)" Lý do là tất cả những đơn tử vật chất có thể đã triệt tiêu với tất cả những đơn tử của phản vật chất trong vũ trụ sơ khai, không để lại một cái gì ngoại trừ bức xạ thuần túy. Dù là vật chất hay phản vật chất đã được để lại để tạo thành những tinh tú, thiên hà, hay tạo thành những tình nhân (lovers) hay phản tình nhân (anti-lovers); những cặp nầy một ngày nào đó, biết đâu, có thể nhìn ra và say đắm trong tay nhau trước cảnh trời đêm. Không phải hoang đường đâu. Lịch sử thường là khoảng trống, một vụ tắm bức xạ (radiation bath) từ từ nguội lại, cuối cùng đưa đến một vũ trụ lạnh, tối, trơ trọi. Hư không sẽ làm bá chủ (Nothingness would reign supreme).

Tuy nhiên, trong thập niên 1970, các khoa học gia đã bắt đầu hiểu có thể khởi sự với những số lượng bằng nhau về vật chất và phản vật chất trong *Big Bang* sơ khai nóng, có tỉ trọng cao, và những quá trình lượng tử có thể "tạo ra một cái gì đó từ hư không" bằng cách thiết lập một thế bất đối xứng nhỏ (small asymmetry) với số lượng vật chất tương đối nhiều hơn phản vật chất một ít trong vũ trụ ban đầu. Sau đó, vật chất và phản vật chất thay vì triệt tiêu nhau hoàn toàn để đưa đến không thứ gì khác ngoài bức xạ thuần túy ngày nay, tất cả những phản vật chất sẵn có trong vũ trụ sơ khai dù có thể đã triệt tiêu với vật chất, nhưng một phần vật chất nhỏ thặng dư có thể đã không có số lượng phản vật chất tương ứng để triệt tiêu, và do đó được để lại. Điều nầy do đó đưa đến tất cả vật chất làm nên tinh tú và thiên hà mà chúng ta thấy trong vũ trụ ngày nay.

Kết quả, những gì lý ra có thể có vẻ là một thành tựu nhỏ (thiết lập một thế bất đối xứng trong những thời kỳ sơ khai) ngược lại có thể được xem gần như là thời kỳ sáng thế. Vì một khi một bất đối xứng giữa vật chất và phản vật chất được tạo ra, không một cái gì sau nầy có thể phá vỡ nó được. Lịch sử tương lai của một vũ trụ đầy rẫy những tinh tú và thiên hà chủ yếu đã được viết ra. Những đơn tử phản vật chất thường triệt tiêu với những đơn tử vật chất trong vũ trụ sơ khai, và phần thặng dư còn lại của các đơn tử vật chất sẽ tồn tại đến ngày nay, tạo nên đặc tính của vũ trụ hiển thị mà chúng ta biết, yêu, và cư ngụ.

Cho dù thế bất đối xứng chỉ là một phần trong một triệu đi nữa thì vẫn có đủ vật chất để lại để giải thích cho mọi thứ mà chúng ta nhìn thấy trong vũ trụ ngày nay. Thực vậy, thế bất đối xứng của một phần trong một triệu chính là điều cần có, vì ngày nay có khoảng một triệu quang tử (photons) trong bức xạ hậu cảnh vi ba vũ trụ (cosmic microwave background radiation - *CMBR*) cho mỗi *proton* trong vũ trụ. Trong bức tranh nầy, những *protons CMBR* là những tàn dư của những triệt tiêu vật chất/phản vật chất gần khởi điểm của thời gian.

Thế giới vi vật lý

Một mô tả dứt khoát về cách thức quá trình nầy có thể đã xảy ra trong vũ trụ sơ khai hiện chưa có, vì chúng ta chưa thiết lập đầy đủ bằng thực nghiệm bản chất chi tiết của thế giới vi vật lý (microphysical) trên những quy mô trong đó thế bất đối xứng nầy có thể đã được tạo ra. Tuy nhiên, nhiều viễn cảnh khả thể khác nhau đã được thăm dò dựa trên những khái niệm tốt nhất hiện nay mà chúng ta có về vật lý trên những quy mô nầy. Trong khi chúng khác nhau về chi tiết, tất cả chúng đều có những đặc tính tổng quát như nhau. Những quá trình lượng tử đi liền với những đơn tử căn bản trong vụ tắm hơi sơ khai (primordial heat bath) dứt khoát có thể đưa một vũ trụ trống (hay một vũ trụ đối xứng giữa vật chất/phản vật chất lúc ban đầu) gần như âm thầm về phía một vũ trụ được vật chất hay phản vật chất khống chế.

Dù theo cách nào đi nữa, phải chăng đó chỉ là một ngẫu nhiên nếu vũ trụ của chúng ta cuối cùng bị vật chất khống chế? Thử tưởng tượng đang đứng trên một đỉnh núi cao và trượt chân ngã. Hướng bạn ngã không được định trước mà đúng hơn chỉ là một ngẫu nhiên, tùy thuộc vào hướng nhìn của bạn hay hướng bước đi khi bạn ngã. Có lẽ vũ trụ của chúng ta cũng tương tự như thế, và cho dù những định luật vật lý được sửa đổi đi nữa, cái hướng tối hậu của thế bất đối xứng giữa vật chất và phản vật chất là do một điều kiện tùy tiện ban đầu nào đó (cũng như trường hợp té xuống núi, định luật về trọng lực được sửa đổi và quyết đoán rằng bạn sẽ té, nhưng hướng té của bạn có thể là một ngẫu nhiên).

Chương X: Hư Không Bất Ổn

Một lần nữa, chính sự hiện hữu của chúng ta trong trường hợp đó thường là một ngẫu nhiên của môi trường.

Tuy nhiên, sự bất xác nầy không liên quan gì đến sự kiện đáng chú ý nầy: một đặc điểm của những định luật vật lý căn bản có thể cho phép những tiến trình lượng tử kéo vũ trụ ra khỏi một trạng thái phi đặc tính (featureless). Trong tài liệu được viết năm 1980 mang tựa đề *Scientific American* liên quan đến thế bất đối xứng của vũ trụ, vật lý gia Frank Wilczek, một trong những lý thuyết gia đầu tiên thăm dò những khả năng nầy, đã lưu ý Krauss rằng ông đã xử dụng chính cái ngôn ngữ mà Krauss đã xử dụng trước đây trong chương nầy. Sau khi mô tả cách thức mà thế đối xứng vật chất/phản vật chất có thể đã xảy ra trong vũ trụ sơ khai dựa trên sự hiểu biết mới của chúng ta về vật lý đơn tử, ông ghi nhận thêm rằng điều nầy đã cung ứng một cách suy nghĩ về câu trả lời cho câu hỏi tại sao lại có một cái gì thay vì không có gì cả: hư không là bất ổn (*nothing* is unstable).

Điều mà Frank muốn nhấn mạnh là: lượng thặng dư được đo lường của vật chất đối với phản vật chất trong vũ trụ mới nhìn qua có vẻ như là một trở ngại cho việc tưởng tượng một vũ trụ sinh ra từ một trạng thái bất ổn định trong không gian trống, với hư không sản sinh ra *Big Bang*. Nhưng nếu thế bất đối xứng đó có thể xuất hiện một cách năng động sau *Big Bang* thì trở ngại đó được tháo gỡ. Ông phát biểu:

Người ta có thể luận đoán rằng vũ trụ đã bắt đầu trong trạng thái đối xứng nhất có thể có và trong một trạng thái như thế không thể có một vật chất nào; vũ trụ là chân không. Có một trạng thái thứ nhì trong đó có vật chất. Trạng thái thứ nhì có ít đối xứng hơn, nhưng cũng thấp hơn về năng lượng. Chung quy, một giai đoạn chuyển tiếp ít đối xứng hơn xuất hiện và phát triển nhanh. Năng lượng được giải tỏa do chuyển tiếp được hình thành khi những đơn tử được tạo ra. Biến cố nầy có thể được đồng hóa với Big Bang... Câu trả lời cho câu hỏi cổ điển "Tại sao có cái gì thay vì không có gì cả?" có thể là: hư không là bất ổn ("nothing" is unstable).

Tuy nhiên, trước khi đi tiếp, một lần nữa Krauss lưu ý về những tương đồng giữa những lập luận của ông về thế bất đối xứng vật chất/phản vật chất và những lập luận mà chúng ta đưa ra tại buổi hội thảo *Origins* gần đây nhằm thăm dò sự hiểu biết của chúng ta về bản chất của sự sống trong vũ trụ và nguồn gốc của nó. Lời lẽ của Krauss có khác nhau, nhưng những vấn đề căn bản thì rất tương tự: Tiến trình vật lý đặc thù nào trong những thời kỳ sơ khai của lịch sử trái đất có thể đã đưa đến sự sáng tạo những phân tử sinh học tự sinh sản và hệ chuyển hóa (replicating biomolecules and metabolism)? Cũng như trong thập niên 1970 trong vật lý, thập niên gần đây đã nhìn thấy những tiến bộ khó ngờ trong sinh học phân tử (molecular biology). Chẳng hạn, chúng ta đã học hỏi về những hướng trình hữu cơ tự nhiên (natural organic pathways) vốn có thể sinh ra, dưới những điều kiện khả thể, những *acids ribonucleic*, từ lâu vẫn được nghĩ là tiền thân của thế giới hiện đại của chúng ta dựa trên nền tảng DNA. Mãi đến gần đây người ta vẫn cảm thấy không thể có một hướng trình nào trực tiếp như thế và những hình thức trung gian khác nào đó chắc chắn đã đóng một vai trò then chốt.

Vô sinh

Bây giờ ít có chuyên viên sinh hóa (biochemists) và phân tử sinh học nào nghi ngờ chuyện sự sống có thể xảy ra tự nhiên từ vô sinh (nonlife), cho dù những thông tin chính xác chưa được khám phá. Nhưng, như đã trình bày, một chủ đề căn bản chung đã nằm sâu trong những luận chứng của chúng ta: Sự sống lần đầu tiên hình thành trên trái đất đã phải tuân theo định luật hóa học nào nhất định hay có nhiều khả thể giá trị như nhau?

Chương X: Hư Không Bất Ổn

Einstein có thời đã nêu lên một câu hỏi mà ông cho là chính vấn đề mà ông thực sự muốn biết về thiên nhiên. Krauss thú thực đó là câu hỏi sâu xa nhất và căn bản nhất mà nhiều người trong chúng ta sẽ thích trả lời. Câu hỏi như thế nầy: "Điều tôi muốn biết là Thượng Đế có một lựa chọn nào không khi sáng tạo ra vũ trụ."

Tôi đã ghi chú điều nầy vì Thượng Đế của Einstein không phải là Thượng Đế của Kinh Thánh. Đối với Einstein, sự hiện hữu của trật tự trong vũ trụ đã cung ứng một ý nghĩa huyền diệu rất sâu xa nên ông cảm nhận một ràng buộc đối với nó, điều mà ông gọi theo Spinoza là "*God*." Trường hợp nào đi nữa, điều mà Einstein thực sự muốn nói trong câu hỏi nầy là vấn đề mà Krauss vừa mô tả trong văn mạch của một số ví dụ khác nhau: Những định luật thiên nhiên có độc nhất hay không? Và vũ trụ mà chúng ta sống, vốn sinh ra từ những định luật đó, có độc nhất hay không? Nếu chúng ta thay đổi một phương diện, một hằng số, một lực, dù rất nhỏ, thì toàn bộ cấu trúc có sụp đổ hay không? Về phương diện sinh học, sinh vật học về sự sống có độc nhất hay không? Chúng ta sẽ trở lại câu hỏi quan trọng nhất nầy ở những phần sau.

Trong khi một bàn cãi như thế sẽ khiến cho chúng ta kiện toàn xa hơn và tổng quát hóa xa hơn những khái niệm về "một cái gì đó (something)," tôi muốn quay trở lại thực hiện một bước chuyển tiếp để nhấn mạnh trên sự sáng tạo tất yếu của một cái gì đó (something).

Như đã định nghĩa đến đây, cái hư không (nothing) liên quan khiến xuất hiện một "cái gì đó (something)" được chúng ta quan sát thấy chính là "không gian trống." Tuy nhiên, một khi chúng ta cho phép sát nhập cơ học lượng tử với tổng thuyết tương đối, chúng ta có thể nói rộng lập luận nầy sang trường hợp trong đó chính không gian bị buộc phải hiện hữu.

Tổng thuyết tương đối như là một lý thuyết về trọng lực chủ yếu là một lý thuyết về không gian và thời gian. Như đã mô tả ngay từ đầu của cuốn sách nầy, điều đó muốn nói đó là lý thuyết đầu tiên không chỉ có thể giải quyết động năng (dynamics) của những vật thể di chuyển qua không gian mà còn giải thích không gian tiến hóa thế nào.

Do đó, có được một lý thuyết về trọng lực có nghĩa là những định luật của cơ học lượng tử sẽ áp dụng cho những thuộc tính của không gian chứ không riêng cho những thuộc tính của những vật thể hiện có trong không gian, như trong cơ học lượng tử cổ điển.

Hướng trình tập hợp

Nói rộng cơ học lượng tử để bao gồm một khả năng như thế không phải dễ dàng, nhưng công thức hóa (formalism) mà Richard Feynman đã triển khai vốn đã đưa đến sự nhận thức hiện đại về nguồn gốc của phản đơn tử, rất thích hợp cho nhiệm vụ. Những phương pháp của Feynman tập trung trên sự kiện then chốt mà Krauss đã ám chỉ ở đầu chương nầy: những hệ thống cơ học lượng tử thăm dò mọi hướng trình khả thể (possible trajectories), ngay cả những hướng trình bị cấm đoán theo truyền thống, như chúng tiến hóa theo thời gian.

Để làm điều nầy, Feynman triển khai một "công thức hướng trình tập hợp (sum-over-paths formalism)" để đưa ra những tiên đoán. Trong phương pháp nầy, chúng ta xem xét tất cả những hướng trình khả thể giữa hai điểm mà một đơn tử đi qua. Sau đó chúng ta gán một trị số xác suất (probability weighting) cho mỗi hướng trình, dựa trên những nguyên tắc rõ ràng của cơ học lượng tử, và kế đó tính tổng số của mọi hướng trình để xác định những tiên đoán xác suất chung quyết cho sự di chuyển của các đơn tử.

Stephen Hawking là một trong những khoa học gia đầu tiên khai thác đầy đủ khái niệm nầy cho cơ học lượng tử khả thể về không-thời-gian (space-time) - tức kết hợp không gian ba chiều của chúng ta và một chiều thời gian để tạo thành một hệ thống không-thời-gian thống nhất, như đòi hỏi trong đặc thuyết tương đối của Einstein. Giá trị của những phương pháp của Feynman là: tập trung trên mọi hướng trình khả thể chung quy có nghĩa là những kết quả có thể được cho thấy là độc lập với những nêu mốc (labels) không gian và thời gian đặc thù mà người ta áp dụng cho mỗi điểm trên mỗi hướng trình. Vì thuyết tương đối nói với chúng ta rằng những quan sát viên trong chuyển động tương đối sẽ đo lường khoảng cách và thời gian một cách khác nhau và do đó gán những giá trị khác nhau cho mỗi điểm trong không gian và thời gian, nên đặc biệt hữu ích nếu có một hệ tham chiếu độc lập với những nêu mốc khác nhau mà những quan sát viên khác nhau có thể gán cho mỗi điểm trong không gian và thời gian.

Và có lẽ đó là điều quan trọng nhất trong những xem xét tổng thuyết tương đối, trong đó việc xác định những nêu mốc cụ thể trong không gian và thời gian trở nên hoàn toàn tùy tiện, cho nên những quan sát viên khác nhau tại những điểm khác nhau trong trọng trường (gravitational field) đo lường khoảng cách và thời gian một cách khác nhau, và tất cả những gì cuối cùng xác định hành xử của các hệ thống là những đại lượng hình học (geometric quantities) như độ cong, rõ ràng độc lập với mọi phương pháp đánh dấu như thế.

Như Krauss đã ám chỉ đôi lần, tổng thuyết tương đối không hoàn toàn nhất quán với cơ học lượng tử, ít nhất theo những gì chúng ta biết, và do đó không có một phương pháp nào hoàn toàn nhất quán nhằm định nghĩa kỹ thuật tổng hướng trình của Feynman trong tổng thuyết tương đối. Như thế, chúng ta phải luận đoán trước, dựa trên độ khả thể (plausibility) và xem xét những kết quả có ý nghĩa gì không.

Nếu phải xem xét động năng lượng tử (quantum dynamics) của không gian và thời gian thì người ta phải tưởng tượng rằng, trong những "tổng số (sums)" của Feynman, phải xem xét mọi thiết trí (configuration) khả thể khác nhau vốn có thể mô tả những hình học khác nhau mà không gian có thể chấp nhận trong những giai đoạn trung gian của mọi tiến trình, khi có sự thống trị tuyệt đối của bất xác lượng tử (quantum indeterminacy). Điều nầy có nghĩa là chúng ta phải xem xét những không gian nào có độ cong cao một cách tùy tiện trên những khoảng cách ngắn và thời gian ngắn (ngắn đến độ chúng ta không thể đo lường chúng nên bất xác lượng tử trở nên tuyệt đối). Nhưng thiết trí quái đản nầy thường không thể quan sát được bằng những quan sát viên cổ điển như chúng ta khi chúng ta cố đo lường những thuộc tính của không gain qua những khoảng cách và thời gian lớn.

Nhưng chúng ta thử xem xét những khả thể thậm chí lạ lùng hơn. Xin nhớ rằng, trong lý thuyết lượng tử về điện từ, những đơn tử có thể tùy tiện xuất hiện ra từ không gian trống nếu chúng lại biến mất trong một khoảnh khắc được xác định bởi Nguyên Lý Bất Xác (Uncertainty Principle). Tương tự, trong tổng số lượng tử Feynman trên những thiết trí không-thời-gian khả thể, liệu người ta có nên xem xét khả thể của những không gian nào nhỏ, gọn, hiện ra rồi biến mất? Một cách tổng quát hơn, chúng ta nghĩ sao về những không gian có thể đã từng có những "lỗ (holes)" trong đó, hay có những "cán (handles)" giống như những bánh *donuts* nhúng vào không-thời-gian?

Chương X: Hư Không Bất Ổn

Đây là những câu hỏi chưa được trả lời. Tuy nhiên, trừ phi chúng ta có thể có được lý do chính đáng để loại bỏ những thiết trí như thế khỏi tổng trị cơ học lượng tử (quantum mechanical sum) vốn xác định những thuộc tính của vũ trụ đang tiến hóa, (và cho đến nay theo Krauss biết chưa có một lý do chính đáng nào như thế), theo tổng thuyết tương đối được áp dụng mọi nơi khác mà ông biết - nghĩa là, bất kỳ cái gì không bị cấm đoán bởi những định luật vật lý thực sự phải xảy ra - hợp lý nhất là xem xét những khả thể nầy.

Như Stephen Hawking đã nhấn mạnh, một lý thuyết lượng tử về trọng lực cho rằng có thể có sáng tạo, mặc dù tạm thời, về chính không gian tại nơi mà trước đó không có không gian nào cả. Trong khi trong công trình khoa học của ông, ông không cố giải quyết nan đề "một cái gì từ hư không," thực sự đây là những gì trọng lực lượng tử chung quy có thể giải quyết.

Những vũ trụ "tiềm năng" - nghĩa là, những không gian cực nhỏ giả định có thể hiện ra rồi biến mất trong một khoảnh khắc rất ngắn nên chúng ta không thể trực tiếp đo lường được chúng - là những cấu trúc lý thuyết hấp dẫn, nhưng chúng không có vẻ giải thích làm thế nào một cái gì có thể xuất hiện từ hư không qua một tầm dài hơn là những đơn tử tiềm năng vốn chiếm ngự không gian trống.

Tuy nhiên, xin nhớ rằng một điện trường thực khác không, có thể quan sát được ở những khoảng cách lớn cách xa một đơn tử tải điện, có thể đến do sự phát ra cố hữu của nhiều quang tử năng lượng tiềm năng vì điện tải. Đây là vì những quang tử tiềm năng với năng lượng bằng *zero* không vi phạm luật bảo tồn năng lượng khi chúng phát đi. Do đó, Nguyên Lý Bất Xác của Heisenberg cho rằng độ bất xác mà chúng ta đo được trong năng lượng của một đơn tử, và khả thể năng lượng của nó có thể thay đổi đôi chút do sự phát đi và hấp thụ những đơn tử tiềm năng, phải tỉ lệ thuận với chiều dài thời gian mà chúng ta quan sát nó. Như thế, những đơn tử tiềm năng nào có năng lượng bằng không đều có thể làm thế một cách vô tội vạ - nghĩa là, chúng có thể tồn tại vô hạn định và tùy tiện biến mất trước khi bị hấp thụ... đưa đến sự hiện hữu khả thể của những đối tác dài tầm (long-range interactions) giữa những đơn tử tích điện. Nếu những quang tử có trọng khối - sao cho chúng luôn luôn kéo đi năng lượng khác không do năng lượng tĩnh (rest mass) - thì Nguyên Lý Bất Xác của Heisenberg sẽ hàm ngụ rằng điện trường sẽ ngắn tầm vì các quang tử chỉ có thể truyền đi trong những thời gian ngắn mà không bị hập thụ một lần nữa.

Một lập luận tương tự cho rằng người ta có thể tưởng tượng một loại vũ trụ đặc biệt vốn có thể đột nhiên xuất hiện ra và không cần phải biến mất hầu như lập tức sau đó do những khống chế của Nguyên Lý Bất Xác và luật bảo tồn năng lượng. Nghĩa là, một vũ trụ thu gọn với tổng năng lượng bằng không.

Bây giờ Krauss không thích gì hơn là cho rằng đây chính là vũ trụ mà chúng ta sống. Đây sẽ là lối thoát dễ dàng, nhưng ở đây ông ít quan tâm đến vấn đề nhận thức của chúng ta hiện nay về vũ trụ mà quan tâm nhiều hơn đến một chứng minh thật dễ dàng và đầy thuyết phục về việc tạo ra vũ trụ đó từ hư không.

Krauss đã lập luận rằng năng lượng trọng lực Newton trung bình của mỗi vật thể trong vũ trụ phẳng của chúng ta là *zero*. Và đúng thế. Nhưng đó không phải là toàn bộ câu chuyện. Năng lượng trọng lực (gravitational energy) không phải là tổng năng lượng của bất kỳ một vật thể nào. Chúng ta phải thêm vào năng lượng nầy năng lượng tĩnh (rest energy) đi liền với trọng khối tĩnh (rest mass) của nó. Nói cách khác, như đã mô tả trước đây, năng lượng trọng lực của một vật khi đứng yên là *zero* nếu cách rời với tất cả những vật khác bằng một khoảng cách vô hạn, vì nếu đang đứng yên thì nó không có động năng (kinetic energy) của chuyển động, và nếu nó cách xa vô hạn với tất cả những vật khác thì trọng lực trên nó do các đơn tử khác, vốn có thể cung ứng năng lượng tiềm năng để tạo công suất, cũng chủ yếu là *zero*. Tuy nhiên, theo Einstein, tổng năng lượng của nó không chỉ do trọng lực mà còn bao gồm năng lượng đi liền với trọng khối của nó, cho nên có công thức nổi tiếng $E = mc^2$.

Muốn xem xét năng lượng tĩnh nầy, chúng ta phải đi từ trọng lượng Newton sang tổng thuyết tương đối vốn, theo định nghĩa, bao gồm những hệ quả của đặc thuyết tương đối (và công thức $E = mc^2$) vào một thuyết trọng lực. Và ở đây mọi thứ trở nên vừa tế nhị hơn vừa khó hiểu hơn. Trên những quy mô nhỏ so với độ cong khả thể của vũ trụ, và bao lâu tất cả những vật thể bên trong những quy mô nầy di chuyển chậm so với vận tốc ánh sáng, phiên bản tổng thuyết tương đối về năng lượng biến trở lại thành định nghĩa của Newton vốn quen thuộc với chúng ta. Tuy nhiên, một khi những điều kiện nầy không còn nữa thì mọi giả đoán đều vô giá trị, gần như thế.

Một phần của vấn đề là: như chúng ta vẫn nghĩ về nó ở nơi khác trong vật lý, rõ ràng năng lượng đó không phải là một khái niệm được định nghĩa minh bạch trên những quy mô lớn trong một vũ trụ cong. Những cách định nghĩa khác nhau của những hệ thống tọa độ (coordinates systems) nhằm mô tả những nêu mốc khác nhau mà các quan sát viên khác nhau có thể gán cho những điểm trong không gian và thời gian (được gọi là những khung quy chiếu khác nhau - frame of reference), trên những quy mô lớn, có thể đưa đến những xác định khác nhau về tổng năng lượng của hệ thống. Muốn điều chỉnh hệ quả nầy, chúng ta phải tổng quát hóa khái niệm về năng lượng, và, hơn nữa, nếu chúng ta phải định nghĩa tổng năng lượng bao gồm trong bất kỳ vũ trụ nào, chúng ta phải xem xét làm thế nào cộng thêm năng lượng trong những vũ trụ nào có thể là vô hạn về mặt không gian.

Có nhiều tranh luận liên quan đến việc phải làm điều nầy sao cho chính xác. Ngôn từ khoa học thì đầy rẫy những tuyên bố và phản tuyên bố về phương diện nầy.

Vũ trụ khép kín

Tuy nhiên, có một điều chắc chắn: Có một vũ trụ trong đó tổng năng lượng dứt khoát và chính xác bằng không. Tuy nhiên, đó không phải là một vũ trụ phẳng vô hạn, trên nguyên tắc, về mặt không gian, và do đó, sự tính toán tổng năng lượng trở thành có vấn đề. Đó là một vũ trụ khép kín (closed universe), trong đó tỉ trọng của vật thể và năng lượng có đủ để khiến cho không gian đóng trở lại trên chính nó. Như đã mô tả, trong một vũ trụ khép kín, nếu nhìn đủ xa về một hướng thì cuối cùng bạn sẽ thấy cái gáy của bạn!

Lý do tại sao năng lượng của một vũ trụ khép kín bằng không thì tương đối đơn giản. Dễ nhất là xem xét kết quả bằng loại suy với sự kiện là, trong một vũ trụ khép kín, tổng điện tải (total electric charge) cũng phải bằng không.

Kể từ thời Michael Faraday, chúng ta nghĩ về điện tải như là nguồn gốc của một điện trường (electric field) - theo ngôn từ lượng tử hiện đại, đó là do sự phát đi của những quang tử tiềm năng (virtual photons) được mô tả bên trên. Trên hình vẽ, chúng ta tưởng tượng những "đường trường (field lines)" phát đi từ trung tâm điện tải, với con số đường trường tỉ lệ với điện tải, và phương hướng của những đường trường đi ra (outward) nếu có điện tải dương và đi vào (inward) nếu có điện tải âm, như trong hình bên dưới.

Chương X: Hư Không Bất Ổn

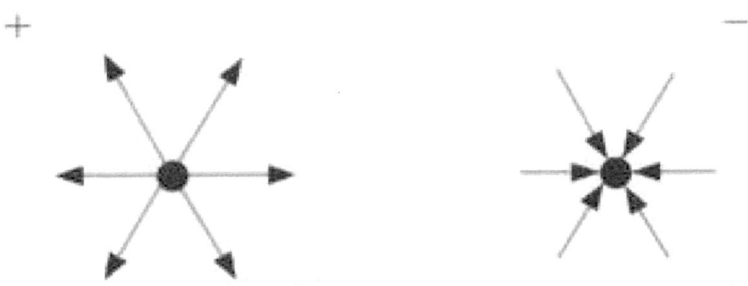

Chúng ta tưởng tượng những đường nầy đi ra vô tận, và tách xa nhau hơn khi chúng tỏa ra. Điều nầy hàm ngụ rằng cường độ của điện trường trở nên càng lúc càng yếu hơn. Tuy nhiên, trong một vũ trụ khép kín, những đường trường đi liền với một điện tải dương, chẳng hạn, có thể bắt đầu tách nhau đi ra nhưng cuối cùng - cũng như những đường kinh tuyến (longitude) trên bản đồ trái đất gặp nhau trở lại ở Nam và Bắc Cực - những đường trường từ điện tải dương sẽ gặp nhau trở lại phía bên kia vũ trụ. Khi chúng gặp lại, trường sẽ càng lúc càng mạnh hơn trở lại cho đến khi có đủ năng lượng để tạo ra một điện tải âm có khả năng "ăn (eat)" những đường trường tại đối đỉnh (antipode) nầy của vũ trụ.

Rõ ràng chúng ta thấy một lập luận rất tương tự - trong trường hợp nầy không liên quan với sự phát đi (flux) của những đường trường mà với sự phát đi của năng lượng trong một vũ trụ khép kín. Lập luận đó nói với chúng ta rằng tổng năng lượng dương - kể cả năng lượng đi liền với những trọng khối tĩnh của các đơn tử - phải dứt khoát được bù trừ bằng một năng lượng trọng lực âm, do đó tổng năng lượng chính xác bằng không.

Như thế, nếu tổng năng lượng của một vũ trụ khép kín là *zero*, và nếu hệ thống tổng trình (sum-over formalism) về trọng lực lượng tử là thích hợp thì, về mặt cơ học lượng tử, những vũ trụ như thế có thể xuất hiện đột xuất một cách vô tội vạ, không mang theo năng lượng nào cả. Krauss muốn nhấn mạnh rằng những vũ trụ nầy sẽ là những không-thời-gian hoàn toàn tự quản (completely self-contained space-times), tách rời với vũ trụ của chúng ta.

Đơn trạng không-thời-gian

Tuy nhiên, có một vấn đề. Một vũ trụ khép kín bành trướng đầy vật chất, nói chung, sẽ bành trướng đến kích thước tối đa và sau đó sụp đổ trở lại cũng nhanh chóng như thế, kết liễu trong một đơn trạng không-thời-gian (space-time singularity) trong đó vùng vô chủ (no-man's land) của trọng lực lượng tử hiện tại không thể nói với chúng ta số phận tối hậu của nó sẽ là gì. Do đó, tuổi thọ đặc biệt của những vũ trụ khép kín tí hon sẽ cực nhỏ (microscopic), có lẽ bằng kích thước của "thời gian *Planck* (Planck time)," quy mô đặc trưng dành cho những hoạt động của những tiến trình trọng lực lượng tử, khoảng 10^{-40} giây hay đại để như thế.

Tuy nhiên, có một lối thoát cho nan đề nầy. Nếu, trước khi một vũ trụ như thế có thể sụp đổ, thiết trí của những trường bên trong nó tạo ra một giai đoạn bành trướng, thì ngay cả một vũ trụ tí hon khép kín ban đầu cũng có thể nhanh chóng bành trướng theo cấp số mũ để trở nên mỗi lúc một phẳng hơn cho nên nó có thể dễ dàng tồn tại lâu hơn nhiều so với vũ trụ của chúng ta mà không bị sụp đổ.

Thực sự có một khả thể khác, khả thể luôn luôn cho Krauss một chút hoài niệm, vì nó đã tượng trưng cho một kinh nghiệm học hỏi đối với ông. Khi lần đầu theo học hậu tiến sỹ tại Harvard, ông vẫn thường chơi với cơ học lượng tử khả thể về trọng trường, và ông đã học được một kết quả của một người bạn đang học cao học, Ian Affleck. Vốn là một người Gia Nả Đại đã từng học cao học tại Harvard khi Krauss còn ở *MIT*, Affleck gia nhập hội *Society of Fellows* vài năm trước ông và đã xử dụng lý thuyết toán học của Feynman mà chúng ta xử dụng ngày nay để giải quyết những đơn tử căn bản và trường, mệnh danh là thuyết lượng tử trường (quantum field theory), để tính làm thế nào những đơn tử và phản đơn tử có thể được sinh ra trong một từ trường mạnh (strong magnetic field).

Krauss nhận ra rằng hình thức giải pháp mà Ian đã mô tả, mệnh danh là một "*instanton,*" rất giống một vũ trụ bành trướng, nếu người ta so công thức của ông với trường hợp của trọng lực. Nhưng nó nhìn giống như một vũ trụ bành trướng đã bắt đầu từ hư không! Trước khi viết ra kết quả nầy, Krauss muốn giải quyết sự lúng túng của chính ông không biết diễn dịch thế nào câu hỏi mà vật lý có thể trả lời bằng toán học. Tuy nhiên, chẳng bao lâu ông đã biết rằng, trong khi ông đang suy nghĩ thì, Alex Vilenkin, nhà vũ trụ học đầy sáng tạo mà ông đã đề cập trước đây, đã thực sự viết ra một tài liệu mô tả một cách chính xác làm thế nào trọng lực lượng tử lại thực sự có thể tạo ra một vũ trụ bành trướng trực tiếp từ hư không. Krauss bị qua mặt, nhưng ông không thể tức tối lắm, vì (a) Lúc đó ông thực sự không hiểu một cách chi tiết những gì ông đang làm và (b) Alex đã bạo dạn đưa ra một cái gì mà lúc đó ông không đưa ra. Từ đó ông học được rằng người ta không nhất thiết phải hiểu được tất cả những hàm ngụ trong công trình của mình rồi mới xuất bản. Thực vậy, có một số tài liệu quan trọng của ông mà ông chỉ hiểu đầy đủ rất lâu sau khi xuất bản.

Điều kiện tiệm biên

Trường hợp nào đi nữa, trong khi Stephen Hawking và cộng sự viên của ông là Jim Hartle đã đề nghị một kế hoạch khác nhằm cố xác định những "điều kiện tiệm biên (boundary conditions)" trên những vũ trụ nào có thể bắt đầu từ hư không, những sự kiện quan trọng là:

1. Trong trọng lực lượng tử, những vũ trụ có thể, và thực sự luôn luôn sẽ, đột nhiên xuất hiện từ hư không. Những vũ trụ như thế không cần phải trống mà có thể có vật chất và bức xạ trong đó, bao lâu

tổng năng lượng là *zero*, kể cả năng lượng âm đi liền với trọng lực.
2. Muốn cho những vu trụ khép kín nào có thể được tạo ra qua những then máy như thế tồn tại lâu hơn thời gian cực tiểu (infinitesimal times), phải cần có một cái gì đó giống như bành trướng. Kết quả, vũ trụ trường thọ duy nhất mà người ta có thể hy vọng sống được trong đó như kết quả của một viễn cảnh như thế là một vũ trụ có vẻ phẳng ngày nay, y hệt như vũ trụ trong đó chúng ta sống.

Bài học rất rõ ràng: trọng lực lượng tử không những có vẻ cho phép những vũ trụ được tạo ra từ hư không - nghĩa là, trong trường hợp nầy, sự vắng mặt của không gian và thời gian - mà nó còn đòi hỏi chúng phải thế. "Nothing (hư không)" - trong trường hợp nầy tức là không có không gian và không có thời gian, không một thứ gì cả! - "nothing" đó là bất ổn (unstable).

Hơn nữa, những đặc tính chung của vũ trụ của chúng ta, nếu nó tồn tại lâu, có thể hy vọng là những đặc tính mà chúng ta quan sát trong vũ trụ của chúng ta ngày nay.

Phải chăng điều nầy chứng minh rằng vũ trụ của chúng ta đến từ hư không? Đương nhiên là không. Nhưng nó thực sự đưa chúng ta đi một bước khá dài gần hơn với khả thể của một viễn cảnh như thế. Và nó tháo gỡ một trở ngại nữa trong số những trở ngại lý ra có thể đã được san bằng đối với lập luận sáng tạo từ hư không như được mô tả trong chương vừa rồi.

Như thế, "nothing (hư không)" có nghĩa là không gian trống nhưng đã có trước, được phối hợp với những định luật vật lý được điều chỉnh và nổi tiếng. Bây giờ đòi hỏi về không gian đã được tháo gỡ.

Nhưng, điều đáng chú ý là, như chúng ta sẽ đề cập tới đây, ngay cả những định luật vật lý cũng có thể không cần thiết hay bắt buộc.

Chương XI
Tân thế giới táo bạo

Đó là thời đại tốt nhất. Đó là thời đại xấu nhất.
- Charles Dickens

Tổng Quát

Vấn đề trọng tâm của khái niệm về sáng thế (creation) là: nó có vẻ đòi hỏi một tác nhân ngoại tại nào đó (some externality), một cái gì bên ngoài hệ thống, phải có trước (preexist) để tạo ra những điều kiện cần cho hệ thống hiện hữu. Đây thường là nơi dính dáng đến khái niệm về Thượng Đế (God) - một tác nhân ngoại tại tách rời với không gian, thời gian, và cả thực thể vật lý - vì con tuần lộc dường như bị bắt buộc phải dừng lại tại một nơi nào đó. Nhưng theo nghĩa nầy, Thượng Đế đối với Krauss, về mặt nghĩa ngữ (semantics), dường như là một giải pháp dễ dãi cho câu hỏi thâm sâu về sáng thế. Ông nghĩ điều nầy được giải thích tốt nhất bên trong văn mạch của một ví dụ hơi khác: nguồn gốc của đạo đức (morality), điều mà ông lần đầu tiên học được từ một người bạn của ông, Steven Pinker.

Đạo đức là ngoại tại và tuyệt đối hay nó chỉ là một phân nhánh bên trong phạm vi sinh vật học và môi trường của chúng ta, và như thế liệu có thể được xác định bởi khoa học? Trong một cuộc tranh luận về đề tài nầy được tổ chức ở Đại học Arizona, Pinker đã cho thấy nan đề sau đây.

Nếu người ta lập luận (như nhiều tín đồ sùng đạo thường làm) rằng, nếu không có Thượng Đế thì không thể có đúng hay sai - nghĩa là Thượng Đế quyết định cho chúng ta cái gì đúng và cái gì sai - thì ngược lại người ta có thể hỏi: Nếu Thượng Đế quyết định hiếp dâm và giết người là có thể chấp nhận được về mặt đạo đức thì sao? Nếu thế họ có làm theo không?

Trong khi một số có thể trả lời có, Krauss nghĩ đa số những tín đồ sẽ trả lời: *Không, Thượng Đế sẽ không quyết định như thế*. Nhưng tại sao không? Có lẽ vì Thượng Đế có một lý do nào đó để không đưa ra một quyết định như thế. Một lần nữa, có lẽ đó là vì lý trí bảo rằng hiếp dâm và giết người là không thể chấp nhận được về mặt đạo đức. Nhưng nếu Thượng Đế phải cần đến lý trí thì tại sao không loại bỏ hoàn toàn kẻ trung gian (middleman) giữa Ngài và con người?

Chúng ta có thể muốn áp dụng lập luận tương tự cho khái niệm về sáng tạo vũ trụ. Mọi ví dụ mà Krauss đã cung ứng đến đây thực ra đều dính dáng đến sự sáng tạo một cái gì từ cái mà người ta sẽ rất muốn xem là hư không (nothing), nhưng những định luật về sáng thế, nghĩa là, những định luật vật lý, đã được định đoạt trước. Những định luật do đâu mà có?

Có hai khả thể (possibilities). Hoặc Thượng Đế hay một đấng thiêng liêng nào đó, vốn không bị ràng buộc bởi những luật lệ, sống bên ngoài chúng, quyết định chúng - do tùy hứng hay dự mưu - hoặc những luật lệ đó xuất phát từ một then máy ít siêu nhiên hơn nào đó (some less supernatural mechanism).

Vấn đề mà Thượng Đế quyết định những luật lệ là: bạn ít nhất có thể hỏi cái gì, hay ai, đã quyết định những luật lệ của Thượng Đế. Theo truyền thống, câu trả lời cho câu hỏi nầy là nói rằng, ngoài bao nhiêu thuộc từ (attributes) lẫy lừng khác của Đấng Tạo Hóa (Creator), Thượng Đế là *nguyên nhân của tất cả các nguyên nhân (cause of all causes),* theo ngôn từ của Gáo Hội La Mã, hay *Đệ Nhất Nguyên (First Cause),* theo Aquinas, hay *prime mover* (đấng điều hành tối cao) theo Aristote.

Điều lý thú là Aristote đã nhận thấy vấn đề về một đệ nhất nguyên (first cause), và quyết định rằng, vì lý do nầy, vũ trụ phải trường cửu (eternal). Hơn nữa, chính Thượng Đế phải trường cửu, Thượng Đế mà ông đồng hóa với tư duy tự thẩm thấu (self-absorbed thought). Tình yêu đối với thượng đế nầy đã khiến cho đấng điều hành tối cao (prime mover) phải chuyển động. Thượng Đế gây ra chuyển động bằng cách tạo ra nó chứ không phải thiết lập mục đích tối hậu của chuyển động; chính mục đích nầy Aristote cũng cho là phải trường cửu.

Aristote cảm thấy rằng đặt Đệ Nhất Nguyên ngang bằng với Thượng Đế là thiếu thỏa đáng, vì quan niệm của Platon về Đệ Nhất Nguyên có khuyết điểm, đặc biệt vì Aristote cảm thấy rằng mọi nguyên nhân đều phải có một nguyên nhân đi trước nữa (precursor) - như thế, bắt buộc vũ trụ phải trường cửu. Nói cách khác, nếu người ta quan niệm Thượng Đế như là nguyên nhân của mọi nguyên nhân, và do đó phải trường cửu cho dù vũ trụ của chúng ta là không trường cửu, nếu thế thì chuỗi luận lý phản chứng (*reductio ad absurdum*) của những câu hỏi "Why (tại sao)" thực sự sẽ chấm dứt, nhưng, như đã được nhấn mạnh, chỉ chấm dứt với điều kiện đưa vào một tác nhân toàn năng không cần luận chứng nào khác.

Về phương diện nầy, có một điểm quan trọng cần nhấn mạnh ở đây. Tính tất yếu luận lý bề ngoài của Đệ Nhất Nguyên là một vấn đề thực sự đối với bất kỳ vũ trụ nào có một khởi đầu. Do đó, chỉ trên cơ sở luận lý thôi, người ta không thể loại bỏ một quan điểm thần linh về thiên nhiên. Nhưng ngay cả trong trường hợp nầy cũng cần nhận thức rằng thần linh nầy không có một liên quan luận lý nào với những thần linh cá nhân của những tôn giáo lớn trên thế giới, bất chấp sự kiện những tôn giáo đó thường dùng thần linh đó để biện minh cho mình. Thần linh nào bị buộc phải đi tìm một thông minh cao cả để thiết lập trật tự trong thiên nhiên, nói chung, đều bị lôi cuốn về Thượng Đế cá nhân của Kinh Thánh do cùng một luận lý.

Những vấn đề nầy đã được bàn thảo và tranh luận hàng ngàn năm nay bởi những đầu óc tinh tường lẫn không tinh tường mấy; nhiều người trong đám thứ hai nầy chuyên sống bằng nghề bàn luận chúng. Chúng ta có thể trở lại những vấn đề nầy bây giờ vì rõ ràng chúng ta sẽ có được thông tin tốt hơn nhờ kiến thức của chúng ta về bản chất của thực thể vật lý. Cả Aristote lẫn Aquinas đều không biết gì về sự hiện hữu của thiên hà của chúng ta, đừng nó đến *Big Bang* hay cơ học lượng tử. Do đó những vấn đề mà họ và những triết gia trung cổ về sau bàn thảo phải được diễn dịch và nhận thức trong ánh sáng của tri thức mới.

Ví dụ, trong ánh sáng của bức tranh hiện đại về vũ trụ học, chúng ta thử xem nhận định của Aristote cho rằng không có những Đệ Nhất Nguyên, hay đúng cho rằng những nguyên nhân thực ra đi lùi (và đi tới) bất tận xa trong mọi hướng. Không có khởi đầu, sáng thế, không chấm dứt.

Khi Krauss mô tả làm thế nào một cái gì đó hầu như luôn luôn có thể đến từ "hư không (nothing)," ông đã tập trung trên việc sáng tạo của một cái gì từ không gian trống đã có trước hoặc sự sáng tạo không gian trống từ không một không gian nào cả. Cả hai điều kiện đều hợp lý đối với ông khi ông suy nghĩ về sự "vắng mặt của hiện hữu (absence of being)" và do đó những điều kiện nầy là những ứng viên khả thể cho hư không (nothingness). Tuy nhiên, ông đã

Chương XI: Tân Thế Giới Tàn Bạo

không giải quyết những câu hỏi cái gì có thể đã hiện hữu, nếu có, trước sáng thế, những định luật nào đã chi phối sáng thế, hay, tổng quát hơn, ông đã không đề cập đến những gì mà một số người có thể xem như là câu hỏi về Đệ Nhất Nguyên. Một câu trả lời đơn sơ đương nhiên là: hoặc không gian trống hoặc cái hư không căn bản hơn vốn phát sinh ra không gian trống đã có trước và trường cửu. Tuy nhiên, để công bình, điều nầy có thể dẫn đến câu hỏi đương nhiên khó trả lời: cái gì, nếu có, đã điều chỉnh các định luật chi phối một sáng tạo như thế?

Tuy nhiên, có một điều chắc chắn. "Định luật" siêu hình - vốn được xem như một chân lý vững chải đối với những người mà ông đã bàn luận vấn đề sáng thế, nghĩa là "*không có cái gì đến từ hư không (out of nothing nothing comes)*" - định luật đó không có cơ sở trong khoa học. Nếu cho rằng đó là điều hiển nhiên, chắc chắn, và không thể bàn cãi thì chẳng khác nào lối lập luận sai trái của Darwin khi ông cho rằng nguồn gốc của sự sống nằm bên kia lãnh vực khoa học; ông làm thế bằng cách xây dựng một loại suy với tuyên bố sai trái cho rằng vật chất không thể được tạo ra hay hủy diệt. Lập luận đó chung quy chỉ là một xu thế không muốn thừa nhận sự kiện đơn giản là thiên nhiên có thể khôn ngoan hơn các triết gia hay các nhà thần học.

Hơn nữa, những ai cho rằng không có gì đến từ hư không đều dường như hoàn toàn bằng lòng với khái niệm hoang tưởng cho rằng, bằng cách nào đó, Thượng Đế có thể xoay xở được chuyện nầy. Nhưng một lần nữa, nếu đòi hỏi rằng khái niệm về hư không thực sự không đòi hỏi ngay cả tiềm năng (potential) của hiện hữu, thì chắc chắn Thượng Đế không thể thực hiện được những kỳ công của ngài, vì nếu ngài tạo ra hiện hữu từ phi hiện hữu (nonexistence), thì phải có tiềm năng của hiện hữu. Chỉ nói rằng Thượng Đế có thể làm những gì mà thiên nhiên không thể làm thì chẳng khác nào nói rằng tiềm năng siêu nhiên của hiện hữu hơi khác với tiềm năng tự nhiên bình thường (regular natural potential) của hiện hữu. Nhưng điều nầy có vẻ như là một phân biệt tùy tiện về nghĩa ngữ (semantic) được thiết kế bởi những ai đã quyết định trước (như những nhà thần học thường làm) rằng đấng siêu nhiên phải hiện hữu để họ định nghĩa những ý tưởng triết học của họ (lại hoàn toàn đoạn giao với mọi cơ sở thực nghiệm) nhằm loại bỏ tất cả ngoại trừ khả thể của một thượng đế.

Trường hợp nào đi nữa, việc dựng lên một thượng đế có khả năng giải quyết nan đề nầy, như Krauss đã nhấn mạnh nhiều lần, thường được tuyên bố như là đòi hỏi Thượng Đế phải hiện hữu bên ngoài vũ trụ, hoặc phi thời gian hoặc vĩnh cửu.

Tuy nhiên, nhận thức hiện đại của chúng ta về vũ trụ cung ứng một giải pháp khả hữu và có thể nói vật lý hơn nhiều cho vấn đề nầy, vốn có một số yếu tố tương tự của một đấng tạo hóa ngoại tại - và hơn nữa lại nhất quán hơn về mặt luận lý.

Đa vũ trụ
Ở đây Krauss nói về đa vũ trụ (multiverse). Khả thể vũ trụ của chúng ta là một vũ trụ của một tập hợp lớn, thậm chí là vô tận của những vũ trụ riêng rẽ và cách nhau tùy tiện; trong mỗi vũ trụ đó những phương diện căn bản của thực thể vật lý cũng có thể khác nhau; khả thể đó mở ra một khả thể mới bao la nữa để hiểu biết sự hiện hữu của chúng ta. (Krauss nhận thấy điều nầy là khó chịu vì ông bỗng nghĩ rằng mục tiêu của khoa học là giải thích tại sao vũ trụ phải như thế và làm thế nào lại xảy ra như thế. Nếu ngược lại những định luật vật lý như chúng ta biết chỉ là những ngẫu nhiên tương quan với sự hiện hữu của chúng ta thì mục tiêu căn bản đó đã đặt không đúng chỗ. Tuy nhiên, ông sẽ gác qua thiên kiến của ông nếu ý tưởng nầy quả nhiên là có thực.) Trong trường hợp nầy, những lực căn bản và những

hằng số của thiên nhiên trong bức tranh nầy không căn bản hơn khoảng cách giữa mặt trời và trái đất. Chúng ta tự thấy mình sống trên Trái Đất thay vì trên Sao Hỏa không phải vì có một cái gì sâu xa và căn bản về khoảng cách giữa trái đất và mặt trời, mà đúng hơn là vì: nếu trái đất ở vào một khoảng cách khác thì sự sống như chúng ta biết có thể đã không tiến hóa trên hành tinh chúng ta.

Lập luận vị nhân

Những lập luận vị nhân (anthropic arguments) dứt khoát không đáng tin cậy, và hầu như không thể đưa ra những tiên đoán cụ thể dựa trên chúng mà không hiểu biết một cách minh nhiên sự phân phối xác suất trong tất cả những vũ trụ khả thể của những hằng số căn bản khác nhau và các lực - nghĩa là, cái nào có thể thay đổi và cái nào không, và những giá trị và hình thức khả thể nào mà chúng có thể có - và đồng thời hiểu biết chính xác chúng ta "điển hình (typical)" thế nào trong vũ trụ của chúng ta. Nếu chúng ta không phải là những hình thức sống "điển hình" thì sự đào thải vị nhân, nếu có, có thể dựa trên những yếu tố khác với những yếu tố mà chúng ta gán cho nó.

Tuy nhiên, một đa vũ trụ, hoặc dưới hình thức của một viễn cảnh của những vũ trụ hiện hữu trong nhiều chiều thặng dư, hoặc dưới hình thức của một tập hợp vũ trụ có khả năng tự sinh sản vô tận trong một không gian ba chiều như trường hợp của bành trướng vĩnh viễn, một đa vũ trụ như thế thay đổi sân chơi khi chúng ta nghĩ về sự sáng tạo của vũ trụ của chúng ta và những điều kiện có thể cần phải có để điều đó xảy ra.

Trước hết, câu hỏi cái gì đã quyết định những định luật của thiên nhiên vốn cho phép vũ trụ của chúng ta hình thành và tiến hóa bây giờ trở nên ít ý nghĩa hơn. Nếu những định luật thiên nhiên tự chúng là ngẫu nhiên và tùy tiện thì không có "nguyên nhân (cause)" nào được ấn định cho vũ trụ của chúng ta. Theo nguyên tắc chung là bất kỳ cái gì không bị cấm đoán đều được cho phép, thì chúng ta có thể được bảo đảm rằng, trong một bức tranh như vậy, một vũ trụ nào đó sẽ xuất hiện với những định luật mà chúng ta đã khám phá. Không một thăng máy (mechanism) hay một thực thể nào được đòi hỏi để điều chỉnh những định luật thiên nhiên để chúng trở thành như hiện nay. Chúng có thể là hầu như bất kỳ cái gì. Vì hiện nay chúng ta không có một lý thuyết căn bản nào giải thích đặc tính chi tiết của viễn cảnh của một đa vũ trụ, nên chúng ta không thể nói. (Mặc dù chỉ để cho công bình, muốn thực hiện một tiến bộ khoa học nào trong việc tính toán những khả thể, chúng ta thường giả định rằng một số thuộc tính nào đó, như cơ học lượng tử, thẩm thấu mọi khả thể. Krauss không hề nghĩ khái niệm nầy có thể gác qua như là không cần thiết, hay ít nhất ông không biết có một công trình nào hữu ích về phương diện nầy.)

Thực vậy, có thể không có một lý thuyết căn bản nào cả. Mặc dù ông đã trở thành một vật lý gia vì tôi hy vọng có được một lý thuyết như thế, và vì tôi hy vọng một ngày nào đó có thể giúp cống hiến cho việc khám phá nó, hy vọng nầy có thể đặt không đúng chỗ, như ông đã than phiền. Krauss tự an ủi trong câu nói của Richard Feynman, mà ông đã tóm lược trước đây, nhưng muốn trình bày lại đầy đủ ở đây:

Người ta nói với tôi, ""Ông đang tìm ra những định luật vật lý tối hậu?" Không. Tôi chỉ tìm cách khám phá nhiều hơn về thế giới, và nếu quả nhiên có một định luật tối hậu đơn giản có thể giải thích mọi thứ thì đúng là thế. Khám phá được thế thì rất tốt. Nếu quả nhiên đó giống như một củ hành với hàng triệu lát, và chúng ta mệt mỏi, vất vả vì cứ nhìn vào những lát đó, rồi cứ mãi thế.

Chương XI: Tân Thế Giới Tàn Bạo

... Quan tâm của tôi trong khoa học chỉ là tìm hiểu nhiều hơn về thế giới, và tìm thấy được nhiều càng tốt. Tôi thích khám phá.

Người ta có thể đưa lập luận đi xa hơn, và, trong một hướng khác, cũng có những hàm ngụ cho những lập luận trọng tâm của cuốn sách nầy. Trong một đa vũ trụ dưới bất kỳ hình thức nào đã được đề cập, có thể có vô số những vùng có thể vô cùng lớn hoặc vô cùng nhỏ trong đó chỉ có "hư không (nothing)," và có thể có những vùng trong đó có "một cái gì (something)." Trong trường hợp nầy, câu trả lời cho câu hỏi tại sao có một cái gì thay vì không có cái gì trở nên gần như nhảm nhí: có một cái gì chỉ vì: nếu không có cái gì thì chúng ta sẽ không tự thấy mình sống ở đó!

Tôi nhìn nhận sự thất vọng cố hữu trong một câu trả lời như vậy đối với điều đã từng có vẻ như một câu hỏi sâu xa xuyên qua các thời đại. Nhưng khoa học đã nói với chúng ta rằng bất kỳ cái gì sâu xa hay tầm thường cũng có thể khác biệt rất nhiều với những gì chúng ta có thể giả định khi mới nhìn vào.

Vũ trụ xa lạ hơn nhiều và phong phú hơn nhiều - xa lạ một cách kỳ diệu hơn - so với sức tưởng tượng của chúng ta. Vũ trụ học hiện đại đã giúp chúng ta xem xét những khái niệm vốn đã không được hệ thống hóa một thế kỷ trước. Những khám phá lớn của thế kỷ 20 và 21 đã không những thay đổi thế giới trong đó chúng ta hoạt động, chúng đã cách mạng hóa nhận thức của chúng ta về thế giới - hay những thế giới - vốn hiện hữu, hay có thể hiện hữu, ngay dưới mũi của chúng ta: thực thể vốn bị che giấu cho đến khi chúng ta có đủ can đảm để truy tìm nó.

Đây là lý do tại sao triết học và thần học cuối cùng bất lực không thể tự mình giải quyết những câu hỏi thực sự căn bản vốn khiến chúng ta ngỡ ngàng về hiện hữu của chúng ta. Chúng ta cứ mê muội trong thiển cận cho đến khi chúng ta mở mắt và để thiên nhiên sai khiến.

Tại sao có một cái gì thay vì không có gì cả? Chung quy, câu hỏi nầy có thể không ý nghĩa gì hơn hay sâu xa gì hơn là hỏi tại sao một số hoa lại đỏ và một số lại xanh. "Một cái gì (something)" có thể luôn luôn đến từ hư không. Nó có thể được đòi hỏi, độc lập với bản chất nền tảng của thực thể. Hay có lẽ "một cái gì" có thể không đặc biệt lắm hay thậm chí rất thông thường trong đa vũ trụ. Bề nào đi nữa, điều thực sự hữu ích là đừng suy ngẫm câu hỏi nầy, mà đúng hơn nên tham gia vào cuộc hành trình khám phá vốn có thể cho thấy chính xác làm thế nào vũ trụ trong đó chúng ta sống đã tiến hóa, đang tiến hóa, và những tiến trình chung quy sẽ chi phối sự sống của chúng ta. Đó là lý do tại sao có khoa học. Chúng ta có thể thay thế sự hiểu biết nầy bằng suy tư và gọi đó là triết học. Nhưng chỉ bằng cách liên tục thám sát mọi khía cạnh của vũ trụ hiển thị đối với chúng ta thì chúng ta mới thực sự xây dựng một đánh giá hữu ích về vị trí của chính chúng ta trong vũ trụ.

Đỉnh cao của sáng tạo
Trước khi kết luận, Krauss muốn đưa ra một khía cạnh nữa của câu hỏi nầy mà ông đã không động tới, nhưng ông nghĩ cần được giải quyết. Mặc nhiên trong câu hỏi tại sao lại có một cái gì thay vì không có cái gì cả là sự mong đợi có tính duy ngã (solipsistic expectation) rằng "một cái gì" sẽ còn mãi (persist) - bằng cách nào đó vũ trụ đã "tiến bộ (progressed)" đến điểm hiện hữu của chúng ta, như thể chúng ta là đỉnh cao của sáng tạo (pinnacle of creation). Vì dựa trên mọi thứ mà chúng ta biết về vũ trụ, rất có thể tương lai, có lẽ là tương lai vô tận, là một tương lai trong đó hư không lại khống chế một lần nữa.

Nếu chúng ta sống trong một vũ trụ mà năng lượng của nó bị khống chế bởi năng lượng của hư không, như đã mô tả,

Chương XI: Tân Thế Giới Tàn Bạo

thì tương lai quả thực là u ám. Nhưng hoàn cảnh thực sự còn tệ hại hơn. Một vũ trụ bị khống chế bởi không gian trống là vũ trụ tệ hại nhất trong số những vũ trụ đối với tương lai của sự sống. Chắc chắn cuối cùng bất kỳ nền văn minh nào cũng sẽ biến mất trong một vũ trụ như thế, vì cạn kiệt năng lượng để tồn tại. Sau một thời gian dài vô cùng tận, một dao động lượng tử nào đó hay một dao động nhiệt học (thermal agitation) nào đó có thể sản sinh ra một vùng địa phương trong đó một lần nữa sự sống có thể tiến hóa và phát triển. Nhưng điều đó cũng sẽ phù du. Tương lai sẽ bị khống chế bởi một vũ trụ trống trơn để thể hiện cái bí mật bao la của nó.

Hoặc giả, nếu vật chất tạo ra chúng ta được sinh sản vào buổi đầu của thời gian bởi những quá trình lượng tử, như đã được mô tả, thì chúng ta mặc nhiên được bảo đảm rằng nó cũng sẽ biến mất một lần nữa. Vật lý là một con đường hai chiều, khởi đầu và chấm dứt nối lại với nhau. Trong tương lai xa vời, *protons* và *neutrons* sẽ suy hoại (decay), vật chất sẽ biến mất, và vũ trụ sẽ đến gần một trạng thái đơn giản tối đa và đối xứng.

Như thế có lẽ đẹp về mặt toán học, nhưng mất hết thực chất. Như Heraclitus đã viết trong một văn mạch hơi khác, "Homer sai lầm khi nói: *'Xin mâu thuẫn đó có thể tan biến giữa những thần linh và con người! (Would that strife might perish from among gods and men!)'* Ông không thấy rằng ông đang cầu nguyện cho sự hủy diệt của vũ trụ; vì nếu những lời cầu nguyện của ông được đáp ứng thì mọi thứ sẽ biến mất." Hay, như Christopher Hitchens đã nhắc lại, "Niết Bàn là hư không (Nirvana *is* nothingness.)"

Một phiên bản cực đoan hơn của sự đi lùi chung cuộc nầy vào hư không có thể là tất yếu. Một số lý thuyết gia của Thuyết Dây (String Theory) đã cho rằng, trên căn bản toán phức (complex mathematics), một vũ trụ như của chúng ta, với một năng lượng dương trong không gian trống, không thể ổn định. Cuối cùng, nó phải suy hoại vào một trạng thái trong đó năng lượng đi liền với không gian sẽ là âm. Vũ trụ của chúng ta rồi sẽ sụp đổ một lần nữa vào bên trong thành một điểm, trở về mây khói lượng tử (quantum haze), từ đó sự hiện hữu của chúng ta có thể đã bắt đầu. Nếu những lập luận nầy đúng thì vũ trụ của chúng ta rồi sẽ biến mất đột ngột như khi nó có lẽ đã bắt đầu.

Trong trường hợp nầy, câu trả lời cho câu hỏi, "Tại sao có một cái gì thay vì không có cái gì cả?" lúc đó sẽ chỉ là: "Sẽ không lâu (There won't be for long)."

Lời Bạt

Phán quyết của sự kiện kinh nghiệm như là khuôn mặt của chân lý là một đề tài sâu sắc, và là dòng chính đã thúc đẩy nền văn minh của chúng ta từ Thời Phục Sinh.
- Jacob Bronowski

Laurence Krauss đã bắt đầu cuốn sách nầy với một trích dẫn khác của Jacob Bronowski:

Dù là mơ hay ác mộng, chúng ta cũng phải sống trung thực thử nghiệm của chúng ta, và chúng ta phải sống nó một cách tỉnh táo. Chúng ta sống trong một thế giới đang bị thẩm thấu và thẩm thấu với khoa học và vừa trọn vẹn vừa thực. Chúng ta không thể biến nó thành một trò chơi đơn thuần bằng cách chọn sân.

- Jacob Bronowski

Như Krauss cũng đã lập luận, giấc mơ của một người là ác mộng của một người khác. Một vũ trụ không mục tiêu hay hướng đạo, đối với một số người, có thể có vẻ làm cho cuộc sống vô nghĩa. Đối với những người khác, kể cả Krauss, một vũ trụ như thế giúp thêm sức mạnh. Nó làm cho sự hiện hữu của chúng ta thậm chí thích thú hơn. Và nó thôi thúc chúng ta rút ra ý nghĩa từ những hành động của chúng ta và khai thác tối đa cuộc sống ngắn ngủi của chúng ta trong ánh sáng mặt trời, đơn thuần là vì chúng ta ở đây, được ân sủng là có ý thức và cơ hội để làm thế. Tuy nhiên, quan điểm của Bronowski là: chuyện đó không quan trọng, dù theo cách nầy hay cách kia, và những gì chúng ta ưa thích về vũ trụ không thành vấn đề. Cái gì đã xảy ra, đã xảy ra, và nó đã xảy ra trong một quy mô vũ trụ. Và bất kỳ cái gì sắp xảy ra trên quy mô đó sẽ xảy ra độc lập với việc thích hay không thích của chúng ta. Chúng ta không thể thay đổi những gì đã xảy ra, và chúng ta khó có thể thay đổi những gì sắp xảy ra.

Tuy nhiên, những gì chúng ta có thể làm là cố tìm hiểu những hoàn cảnh của sự hiện hữu của chúng ta. Krauss đã mô tả trong sách nầy một trong những hành trình đáng chú ý nhất của cuộc thám hiểm mà nhân loại đã từng thực hiện trong lịch sử tiến hóa của mình. Đó là nỗ lực hào hùng nhằm thám hiểm và tìm hiểu vũ trụ trên những quy mô từng xa lạ với chúng ta một thế kỷ trước đây. Cuộc hành trình đã đẩy lùi những giới hạn của trí tuệ con người, phối hợp ý chí theo đuổi bằng chứng bất kỳ đến đâu có thể đi được, với sự can đảm cống hiến cả đời nhằm khám phá cái bất tri với nhận thức đầy đủ rằng nỗ lực đó có thể sẽ chẳng đi đến đâu, và cuối cùng đòi hỏi một tổng hợp của sáng tạo và kiên trì để hoàn thành những nhiệm vụ thường khó khăn là chọn lọc vô số những phương trình hay vô số những thách thức thực nghiệm.

Krauss luôn luôn bị lôi cuốn bởi thần thoại Sisyphus và đã từng so sánh nỗ lực khoa học với nhiệm vụ trường cửu của ông là đẩy một tảng đá lên đồi, chỉ để buông nó xuống trở lại mỗi khi gần đến đỉnh. Theo tưởng tượng của Camus, Sisyphus vẫn cười, và chúng ta cũng vậy. Cuộc hành trình của chúng ta, dù kết quả thế nào, vẫn cho niềm an ủi.

Tiến bộ hiển thị mà chúng ta đã thực hiện trong thế kỷ qua đã đưa những khoa học gia chúng ta đến tụ điểm để giải quyết một cách hữu hiệu những câu hỏi sâu xa nhất đã tồn tại từ khi nhân loại chúng ta thực hiện những bước thăm dò đầu tiên nhằm tìm hiểu chúng ta là ai và chúng ta từ đâu đến.

Như đã mô tả ở đây, trong quá trình, chính những câu hỏi nầy đã tiến hóa cùng với sự nhận thức của chúng ta về vũ trụ. Câu hỏi "Tại sao có một cái gì thay vì không có cái gì cả?" phải được hiểu trong khung tham chiếu của một vũ trụ trong đó ý nghĩa của những từ ngữ nầy không phải như trước kia, và chính sự phân biệt giữa một cái gì (something) và không cái gì (nothing) đã bắt đầu biến mất, ở đó những chuyển tiếp giữa hai cái trong những khung tham chiếu khác nhau không những cùng chung (common) mà còn bắt buộc phải có.

Như thế, câu hỏi tự nó đã bị loại khi chúng ta cố đi tìm nhận thức. Thay vì thế, chúng ta bị thôi thúc phải tìm hiểu những quá trình chi phối thiên nhiên theo một cách có thể cho phép chúng ta thực hiện những tiên đoán và, khi nào có thể, thay đổi tương lai của chúng ta. Khi làm thế, chúng ta đã khám phá rằng chúng ta đang sống trong một vũ trụ trong đó không gian trống - điều mà trước đây đã được xem là hư không (nothing) - có một động năng (dynamic) mới khống chế sự tiến hóa hiện có của vũ trụ. Chúng ta đã khám phá rằng tất cả những dấu hiệu đều cho thấy một vũ trụ có khả năng xuất hiện từ một hư không sâu thẳm hơn - dính dáng đến sự vắng mặt của chính không gian - và vũ trụ đó một ngày kia có thể trở về hư không qua những tiến trình không những có thể hiểu được mà còn là những tiến trình không đòi hỏi một kiểm soát hay chỉ đạo ngoại tại nào.

Đương nhiên, mỗi người trong chúng ta quyết định quay trở về khái niệm sáng thế thiêng liêng, và Krauss không mong đợi cuộc bàn thảo sắp đến sẽ chấm dứt nay mai. Nhưng, như ông đã nhấn mạnh, ông tin rằng, nếu chúng ta cần phải lương thiện về mặt trí thức thì chúng ta phải có một lựa chọn sáng suốt, dựa trên sự kiện chứ không phải trên mặc khải.

Đó là mục tiêu của cuốn sách nầy: cung ứng một bức tranh có tri thức về vũ trụ theo nhận thức của chúng ta và mô tả những luận đoán lý thuyết hiện đưa vật lý đi tới khi những khoa học gia chúng ta cố tách rời gạo khỏi trấu trong những quan sát và lý thuyết của chúng ta.

Krauss đã nói rõ tiên đoán của chính ông: Lập trường cho rằng vũ trụ của chúng ta xuất hiện từ hư không có vẻ là lựa chọn trí thức hấp dẫn nhất đối với ông lúc nầy. Bạn sẽ đưa ra kết luận riêng của bạn.

Krauss muốn chấm dứt cuộc bàn thảo của ông bằng cách quay trở lại một câu hỏi mà ông tự cho là hấp dẫn về mặt trí thức thậm chí hơn cả câu hỏi về một cái gì từ hư không. Đó là câu hỏi mà Einstein đã hỏi phải chăng Thường Đế có một lựa chọn nào trong khi sáng tạo vũ trụ. Câu hỏi nầy cung ứng động lực căn bản cho hầu như tất cả mọi nghiên cứu về cấu trúc cơ bản của vật chất, không gian, và thời gian - nghiên cứu vốn đã chiếm phần lớn sự nghiệp của Krauss.

Ông thường nghĩ có một lựa chọn nghiêm khắc trong câu trả lời cho câu hỏi nầy, nhưng trong khi viết sách nầy, những quan điểm của Krauss đã thay đổi. Rõ ràng, nếu có một lý thuyết liên quan đến một tập hợp duy nhất những định luật nào mô tả và thực sự quyết đoán vũ trụ của chúng ta đã xuất hiện thế nào và những định luật nào đã chi phối sự tiến hóa của nó từ đó - tức là mục đích của vật lý từ thời Newton hay Galileo - thì câu trả lời sẽ là, "Không, mọi vật thế nào thì phải như thế đó, trước kia và bây giờ."

Nhưng nếu vũ trụ của chúng ta không độc nhất, và nó là một phần của một đa vũ trụ có thể là vô tận của những vũ trụ, thì phải chăng câu trả lời cho câu hỏi của Einstein sẽ là một trả lời dõng dạc, "Vâng, có nhiều lựa chọn để hiện hữu"?

Krauss không chắc chắn lắm. Có thể có một tập hợp vô hạn những phối hợp khác nhau của những định luật và những hình thức khác nhau về đơn tử, vật thể, lực, và thậm chí những vũ trụ riêng biệt vốn có thể xuất hiện trong một đa vũ trụ như thế. Có thể chỉ có một phối hợp giới hạn nào đó, một phối hợp sinh ra từ vũ trụ của loại trong đó chúng ta sống hay rất giống như thế, mới có thể hỗ trợ sự tiến hóa của những sinh vật có thể đặt một câu hỏi như thế. Do đó, câu trả lời cho Einstein vẫn sẽ còn là câu trả lời tiêu cực. Một Thượng Đế hay một Thiên Nhiên nào có thể bao quản một đa vũ trụ sẽ bị khống chế không được sáng tạo một vũ trụ trong đó Einstein có thể đặt câu hỏi, tương tự như trường hợp chỉ có một lựa chọn cho một thực thể vật lý nhất quán.

Có một khả thể mà Krauss thấy vô cùng thỏa đáng: với viễn cảnh nầy hay viễn cảnh kia, ngay cả một thượng đế có vẻ toàn năng đi nữa cũng sẽ không có được tự do trong việc sáng tạo vũ trụ của chúng ta. Chắc chắn bởi vì sự sáng tạo đó cho thấy rằng Thượng Đế là không cần thiết - hay cùng lắm là dư thừa.

Index

Abraham Pais _____ 25
Adam Riess _____ 123
Alan Guth   127, 166, 191
Albert Einstein 23, 55, 86
Alex Vilenkin _ 166, 214
Ambrose Swasey _____ 9
Andrei Linde _____ 166
Andromeda __ 30, 31, 34, 147
Antonie Philips _____ 98
Aquinas ___ 14, 175, 191, 219, 220
bành trướng __ 20, 26, 27, 28, 29, 32, 34, 35, 37, 39, 43, 45, 47, 54, 65, 72, 87, 111, 112, 113, 114, 118, 120, 121, 122, 123, 125, 126, 130, 131, 132, 134, 136, 137, 138, 139, 141, 142, 143, 144, 145, 146, 148, 153, 154, 155, 161, 166, 167, 168, 169, 178, 179, 189, 190, 191, 192, 193, 195, 213, 214, 215, 223
Bell Laboratories ___ 60
Bertrand Russel_____ 14

Big Bang _ 20, 26, 27, 28, 40, 42, 43, 44, 47, 51, 52, 54, 62, 70, 71, 72, 73, 106, 111, 121, 127, 129, 130, 141, 144, 146, 147, 148, 149, 150, 151, 152, 153, 154, 155, 157, 162, 179, 186, 192, 200, 202, 203, 220
Big Crunch _____ 54
Board of Sponsors of the Bulletin of the Atomic Scientists _____ 9
BOOMERANG 75, 76, 78, 79, 80, 81, 82, 83, 112
Brian Chaboyer _____ 112
Brian Greene _____ 170
Brian Schmidt _____ 116
bức xạ 33, 70, 71, 72, 75, 76, 77, 78, 79, 83, 87, 88, 89, 92, 102, 126, 127, 130, 133, 134, 139, 146, 147, 150, 191, 192, 198, 199, 200, 201, 214
calcium _____ 33
cân vũ trụ_____ 55
Carl Friedrich Gauss _ 69
Carl Sagan_____ 116

Index

Cây đèn cầy tiêu chuẩn _____ 113
Cepheid _____ 30
Chaboyer _____ 121
Charles Darwin _____ 109
Christian Doppler _____ 33
Christopher Hitchen 158
Coma _____ 58
Copernicus _____ 161
cường độ 31, 33, 87, 147, 150, 197, 212
Đặc Thuyết Tương Đối 88
Đại Bùng Nổ _____ 20, 26
Dải Ngân Hà _ 24, 29, 31, 76
đấng tạo hóa _ 13, 14, 16, 28, 165, 180, 183, 222
đấng thiêng liêng_ 14, 17, 156, 186, 188, 218
dark matter _____ 10, 51, 85, 109, 110, 121, 142
David Helbert _____ 25
David Wilkinson _____ 82
deuterium _ 43, 148, 150
điểm cận nhật _____ 25, 86
định luật lượng tử hóa 89
định luật vật lý _____ 13, 15, 105, 152, 160, 165, 174, 175, 186, 191, 194, 201, 202, 208, 215, 216, 218, 222, 224
định lượng _____ 17, 93, 144, 154
độ dài sáng _____ 32
độ sáng hiển thị _____ 113
độ sáng tuyệt đối _____ 113
đối xứng _ 107, 157, 172, 174, 200, 201, 202, 203, 227
đơn tử căn bản 51, 52, 63, 91, 92, 118, 120, 160, 169, 171, 172, 176, 178, 179, 201, 213
đơn tử ngoại lai _____ 52
đơn tử tiềm năng _ 97, 99, 101, 102, 103, 104, 105, 106, 107, 173, 195, 196, 208
đơn tử trung hòa _____ 92
DONALD RUMSFELD 49
Edward Witten _____ 171
Edwin Hubble _____ 29, 112
Erwin Schrödinger _____ 89
Federation of American Scientists _____ 9
Flatland _____ 54
Frank Wilczek_ 174, 202
Fritz Zwicky _____ 58
George Lemaître _____ 27
Giáo Hội Công Giáo La Mã _____ 14
giới hạn thượng biên_ 40, 111, 115, 151
hằng số Hubble _ 47, 112, 113
Hằng số Hubble _____ 47
hằng số vũ trụ 87, 88, 106, 110, 111, 112, 114, 118, 121, 122, 131, 134, 138, 141, 146, 154, 161, 164
Harlow Shapley _____ 29

Index

Harvard College Observatory ___ 30, 31
Hệ Quả Doppler ___ 33
helium __ 33, 43, 51, 144, 148, 150, 151
Henrietta Swan Leavitt 30
*High-Z Supernova*__ 116
High-Z Supernova Search Team ___ 116
hình học__ 21, 52, 53, 54, 67, 68, 69, 74, 75, 80, 83, 84, 85, 114, 127, 189, 206, 207
*Horizon Problem*___ 127, 130, 132
hư vô _ 11, 15, 16, 18, 20, 26, 140
hương trình 25, 56, 61, 97, 110, 185, 188, 203, 205, 206, 207
hydrogen _ 33, 43, 51, 71, 72, 97, 98, 99, 100, 101, 144, 148, 150, 151
Ian Affleck ___ 213
Jacob Bronowski 13, 182, 229
Jim Hartle ___ 214
Johannes Kepler ___ 45
không gian 15, 17, 20, 21, 23, 24, 34, 52, 53, 54, 56, 62, 63, 65, 69, 73, 85, 87, 88, 90, 91, 93, 95, 97, 104, 105, 106, 107, 109, 113, 114, 115, 116, 120, 121, 122, 125, 131, 132, 133, 134, 138, 139, 142, 144, 145, 146, 153, 154, 155, 157, 160, 161, 162, 163, 164, 165, 166, 167, 168, 171, 173, 175, 176, 178, 187, 189, 191, 192, 193, 195, 196, 197, 202, 204, 205, 206, 207, 208, 210, 211, 215, 217, 220, 223, 227, 228, 231, 232
không gian trống _ 17, 20, 88, 93, 97, 104, 105, 106, 107, 109, 114, 115, 116, 120, 121, 122, 125, 131, 132, 133, 138, 139, 142, 144, 145, 146, 153, 154, 160, 161, 162, 163, 164, 175, 176, 187, 191, 192, 193, 195, 196, 197, 202, 204, 207, 208, 215, 220, 227, 228, 231
khúc xạ __ 58, 59, 62, 64
Large Hadron Collider ___ 64, 179
Lawrence Berkeley Laboratory ___ 114
Lawrence M. Krauss __ 9
Leeuwenhoek ___ 98
LOUISE BOGAN ___ 23
lực mạnh ___ 103
ly lực _ 87, 106, 111, 114, 139, 162

lý thuyết đơn tử _ 20, 165
ma trận _____ 91
Max Planck _____ 89
máy thám sát _ 53, 79, 82
Michael Turner _ 86, 109
Milton Humason ____ 34
Monopole Problem _ 127, 130
năng lượng 20, 21, 53, 54, 61, 64, 73, 85, 87, 88, 93, 97, 98, 104, 105, 106, 107, 109, 110, 111, 114, 115, 116, 120, 121, 122, 123, 125, 130, 131, 132, 133, 134, 135, 136, 138, 139, 141, 142, 143, 144, 145, 146, 147, 154, 155, 156, 160, 161, 162, 163, 164, 166, 167, 169, 173, 174, 175, 176, 177, 179, 188, 189, 190, 191, 192, 193, 195, 196, 197, 198, 202, 207, 208, 209, 210, 211, 212, 215, 226, 228
năng lượng chân không ____ 116, 132, 133, 134, 138, 169, 176
năng lượng tĩnh 104, 197, 198, 209, 210
nebulae _____ 29, 30
*neutrons*__ 42, 43, 51, 85, 92, 102, 104, 150, 227

Newton 24, 25, 32, 46, 58, 87, 90, 137, 138, 139, 141, 181, 182, 185, 189, 190, 192, 193, 209, 210, 232
Nguyên Nhân Thứ Nhất _____ 14
nguyên tắc nhân quả _ 75
Niels Bohr _____ 89
Nikolai Ivanovitch Lobachevsky ____ 69
nothing 16, 17, 20, 88, 96, 107, 133, 141, 183, 185, 188, 190, 193, 194, 198, 202, 203, 204, 215, 218, 220, 221, 225, 231
oxygen _____ 33, 44
Paul Dirac _____ 89
phản vật chất ___ 92, 199, 200, 201, 202, 203
phương tốc 34, 37, 39, 45, 93, 111, 113, 114, 138, 143, 145, 155
Pius XII _____ 26
plasma _____ 42, 71, 147
Platon ____ 14, 191, 219
protons 42, 43, 51, 64, 71, 72, 85, 91, 102, 104, 132, 150, 201, 227
quần thể __ 49, 55, 58, 59, 60, 61, 62, 64, 67, 81, 83
quán tính phương giác 91

quang phổ 32, 33, 34, 47, 89, 98, 101, 115, 118, 119, 142
R. W. Mandl 56
Richard Dawkins Foundation 21
Richard Feyman 15
Robert Scherrer 144
Sáng Thế Ký 26, 27, 28
Saul Perlmutter 114
Schwarzschild 153
Sidney Harris 33
Sir Arthur Stanley Eddington 27
Socrate 18
sodium 33
sóng vi ba vũ trụ 70
Steven Pinker 217
Steven Weinberg 164
supernova 42, 44, 45, 46, 47, 116, 118, 122
T. S. Eliot 54
tâm lửa 44
tần số 33, 89, 98, 147
tăng tốc đơn tử 64, 92, 173
Thánh Giáo Anh 30
thế giới thiên nhiên 15
thiên hà 15, 24, 26, 29, 31, 32, 34, 35, 36, 37, 39, 40, 41, 42, 44, 45, 46, 47, 49, 50, 51, 52, 54, 55, 58, 59, 60, 62, 63, 64, 67, 73, 81, 83, 85, 86, 87, 109, 111, 112, 113, 118, 120, 121, 126, 133, 136, 137, 138, 141, 142, 143, 145, 147, 150, 151, 153, 154, 155, 161, 162, 163, 169, 179, 189, 190, 199, 200, 220
thiên hà chủ 45, 113, 200
thiên văn học 29, 31, 32, 50, 53, 62, 102, 114, 154, 185
thiên văn vật lý 25, 27
thời gian 9, 15, 17, 23, 24, 40, 41, 42, 45, 46, 49, 56, 67, 71, 72, 73, 74, 82, 93, 94, 95, 100, 105, 111, 112, 113, 114, 121, 122, 132, 142, 143, 145, 146, 151, 153, 154, 159, 161, 162, 167, 171, 192, 193, 196, 201, 205, 206, 207, 209, 210, 213, 215, 217, 222, 227, 232
thời-gian-Planck 105
Thượng Đế 10, 14, 17, 18, 26, 150, 181, 185, 186, 188, 190, 204, 217, 218, 219, 220, 221, 222, 233
Thủy Tinh 25, 86
tia vũ trụ 63, 92
tiến hóa 16, 19, 21, 28, 33, 36, 73, 79, 112, 121, 143, 164, 182, 186, 188, 205, 208, 223,

226, 227, 230, 231, 232, 233
tinh vân 29, 30, 31, 33, 34, 59
tổng thuyết tương đối 10, 23, 24, 25, 27, 28, 53, 86, 87, 110, 131, 137, 138, 139, 141, 152, 153, 171, 189, 194, 198, 204, 206, 208, 210
Tony Tyson _____ 60
trình độ lượng tử ____ 89
trọng khối 24, 43, 50, 54, 57, 58, 59, 61, 62, 64, 67, 84, 85, 95, 102, 103, 104, 120, 136, 153, 199, 209, 212
trọng khối tĩnh_ 104, 209, 212
trọng lực _ 20, 23, 24, 39, 46, 50, 52, 55, 59, 61, 62, 64, 67, 73, 75, 87, 105, 111, 114, 122, 126, 133, 134, 135, 136, 137, 138, 139, 141, 143, 146, 160, 163, 171, 172, 177, 181, 189, 190, 192, 193, 197, 198, 201, 205, 208, 209, 210, 212, 213, 214, 215
trọng lực lượng tử __ 105, 208, 212, 213, 214, 215
trọng trường 57, 134, 135, 206, 213
trung hòa tử _____ 92

Tycho Brahe _____ 45
vật lý đơn tử _ 10, 21, 49, 52, 118, 176, 178, 183, 202
vật lý thiên văn trung hòa tử _____ 10
vật lý thực nghiệm __ 63
vật thể đen___ 10, 63, 85, 109, 110, 112, 121, 142, 179
vật thể tối_____ 51
Vera Rubin _____ 50
Vesto Slipher_____ 32
Viện Hàn Lâm Hoàng Gia Thụy Sỹ _____ 31
Virgo _____ 55
vô hạn _ 15, 18, 104, 105, 135, 169, 171, 178, 209, 210, 211, 232
vọng kính Hooker ___ 29
vũ trụ đồng phương_ 153
vũ trụ học _ 9, 10, 20, 21, 27, 49, 51, 70, 106, 112, 114, 120, 125, 133, 143, 157, 158, 166, 176, 183, 188, 195, 214, 220
vũ trụ phẳng _ 54, 62, 64, 74, 81, 82, 83, 84, 85, 86, 109, 110, 111, 112, 114, 120, 122, 126, 127, 134, 138, 189, 190, 209, 211
vũ trụ sơ khai 10, 64, 129, 130, 178, 199, 200, 201, 202

vũ trụ tĩnh __ 86, 87, 141, 155
vũ trụ vĩnh hằng ____ 14
Werner Heisenberg __ 89

Wilkinson Microwave Anisotropy Probe _ 82
William James_____ 14
Willis Lamb _____ 98
Yakov Zel'dovich __ 106

Thông tin liên lạc
Đỉnh Sóng
P.O BOX 8231 Fountain Valley CA 92728

- Website: dinhsong.net
- Email: dinh-song@att.net
- Phone: (714) 473-3691

www.ingramcontent.com/pod-product-compliance
Lightning Source LLC
Chambersburg PA
CBHW020638220526
45464CB00001B/199